情報分析力

小泉悠

YU
KOIZUMI

祥伝社

はじめに

「それはないだろう」が「ある」時代

本書は多分、ビジネス書の棚に並ぶのではないかと思っています。

そのように考えると、この本の執筆者は、やや特殊な人間です。ビジネス書を書く人というのは、豊富な経験を持った経営者とか、コンサルタントとか、経営戦略論の専門家とかだと思うのですが、私はロシア軍事の専門家です。つまり、朝起きて読むのは経済紙ではなく、ロシア軍の機関紙『赤い星』、という人間です。だから本書の主な読者として想定されるビジネスパーソンの皆さんに私の専門分野の話をしても、明日からの仕事に直接役に立つことはあまりないのでしょう。実際、私がこれまで書いてきた本は、国際情勢とか安全保障のコーナーに置かれてきました。

しかし、本書はちょっと違った思惑の下《もと》に書かれています。ロシア軍事そのもののことではなくて、**私がロシア軍事をどうやって分析しているのか、その手法について**

お話ししたいと思うのです。

冷戦が終わってからの30年間で、現在ほど国際情勢が混沌としている時代はなかったと思われます。政治・経済・軍事などあらゆる面でアメリカが圧倒的な強者であった時代はもはや終わり、かつては考えられなかったことが頻発するようになりました。

2022年に始まったロシアのウクライナ侵略はその好例です。いくらなんでもロシアがウクライナに全面侵攻することはないだろう、と考えられていたにもかかわらず、ロシア軍は実際に国境を越えてウクライナに攻め込みました。今後も世界では「まさかそれはないだろう」ということがますます起きてくるのではないかと思いますし、そこに日本が巻き込まれる、あるいは日本の社会や経済が大きな影響を被る可能性も排除されません。

情報分析の重要性はここにあると言えるでしょう。ロシアのウクライナ侵略が「まさかそれはないだろう」と思われていたことは前述のとおりですが、全く青天の霹靂《へきれき》であったかといえばそうではありません。ウクライナ国境にロシア軍が集結していること、プーチン大統領をはじめとするロシア政府高官たちから不穏なメッセージが発せられていることなどは、侵攻の半年ほど前から多くの専門家によって指摘され続けていました。**問題は情報がなかったことではなくて、その情報を分析するやり方にあったということです。**

そうした情報を分析すれば、これから起こることが100％予測できる、などとは言いません。しかし、起こりうる事態の「幅」は予測できるでしょう。ロシアのウクライナ侵略は本来、その「幅」の中に含まれていなければならない事態でした。

インターネットで手に入るもの、入らないもの
——情報の入手と分析にかかるコストのギャップ

現代は比較的情報の取りやすい時代です。

それどころか、インターネット上には情報が溢《あふ》れていると言ってもいいでしょう。外国の新聞・雑誌はインターネットで簡単に読めますし、SNSをウォッチしていれば誰が誰と会っているのか、紛争地域の住民がどんな状況に置かれているのかもある程度わかります。また、現在ではあらゆるデータが可視化される傾向にありますから、今、北京《ペキン》のどの通りが混雑しているのか、旅客機や商船が世界のどこを通っているの

かを知ることも難しくありません。少しお金を出せば、北朝鮮の核ミサイル基地が今どんな状況にあるのか、衛星画像で直接確認することさえできます（確認したいという人は少数派でしょうが）。

ほんの少し前まで、このような情報を収集できたのは、国家や報道機関など、大きな組織に限られていました。外国の刊行物を入手するだけでも一苦労ですし、まして現地のリアルタイムな状況は実際に行ってみないとわかりません。ということは、外国や国際情勢に関する知見は、外交官、商社マン、記者、研究者といった広義の専門家に頼るほかなく、それが新聞や雑誌の記事になってはじめて、一般の人たちにも知られるようになっていたわけです。これを思えば、現代は情報に関するコストが人類史上で最も低下した時代と言えるでしょうし、そのコストはこれからも下がっていくことが予想されます。衛星画像なんかはまさにそうですね。かつては、軍事大国の一握りの高官や分析官たちだけが目にすることができたものでした。

しかし、インターネットではなかなか手に入らないのが、溢れる生情報を分析する方法、つまり比喩的な意味での「情報処理装置」です。いくらでも手に入るようになった個々の情報について、それらが**何を意味しているのかを知る方法、**と言い換えればいいでしょうか。

例えば私はたった今、ある大企業の決算報告書をダウンロードしてみたところです。ここまでのコストはゼロで、時間も数秒しかかかっていません。ところがこの報告書をどう読んだらいいのか、お金に関する知識がない私にはさっぱりわかりません。たとえば「建設仮勘定」という言葉が出てきますが、一体どういう意味なのか。それが多いのはいいことなのか悪いことなのか。まるでチンプンカンプンです。これに対して会社で経理などに携わっているとか、投資をしている人なら、「これは業績悪化の兆候《ちょうこう》ではないか」といった具合に情報の意味を読み取れるわけですよね。情報処理装置と本書が呼ぶのは、こういう能力のことです。

ところが、情報処理装置のコストは、情報の入手ほどには下がっていません。以前と比べて随分とっつきやすくなった部分もあるのですが、お金や時間がかなりかかります。本書の中でおいおい述べていくように、情報処理装置を自分の中に作り上げる過程では、多くの本や論文を読み、生情報をこねくりまわし、現地に行ったり人と会ったりしないといけないからです。

情報は誰にでも、いくらでも入ってくるのだけれども、その処理装置を持つのは簡単ではない。これは現代の世界が抱える大きな問題ですし、本書ではこのギャップをなるべく縮めることを試みてみたいと思っています。

「3分でカレーを作れる」か？

情報分析に関するもう一つの問題は、**フェイクが混じりやすい**ということです。

国家の利害が絡み合う外交や安全保障については特にそうで、実際にロシアのウクライナ侵略では数多くのフェイクがばら撒《ま》かれました。ウクライナ政府はネオナチでロシア系住民を虐殺している、ウクライナ軍はもう壊滅していて実際に戦っているのはNATOの軍人である、アメリカがウクライナ国内で密かに生物兵器を開発している、といった具合です。

フェイク自体は以前から存在する問題なのですが、**生情報の氾濫《はんらん》はフェイクの弊害を広げる役割を果たしました。**「証拠」と称される偽《にせ》の画像、誤解を招く政府高官の発言、全くの流言蜚語《りゅうげんひご》などが公式発表やきちんとした報道情報と全く同列に流れてくるようになったからです。

料理に譬《たと》えてみましょう。インターネットにはプロからアマチュアに至るまで、あらゆる人が投稿したレシピが掲載されています。私自身も料理が好きなのでよくお世話になっていますが、本当に美味《おい》しくできるものもあれば、「なんかイマイチだな……」という出来になってしまうこともあります。誰でも情報が発信できるがゆえに、玉石《ぎょくせき》が混じってしまうわけです。その中からどうやって「玉」を選ぶのか、別の言い方をすれば、いかに「石」を弾くのかがかつてなく求められるようになったのです。つまり、ここでも情報処理装置が重要性を持ってくるわけですね。

偽情報を完全に見分けることは、もちろん困難です。実際、私も含めた専門家もたまに偽情報に引っ掛かることがあります。しかし、**一定の相場感を持つことは不可能ではないと思うのです。**一度でもカレーを作ったことがある人は、「3分でカレーが作れる」という触れ込みのレシピを見たとき、「それはいくらなんでも誇張が混じっているだろう」とか「何か従来とは全く違う手法なのではないか」とか「レトルトカレーをあっためるだけじゃないだろうな」といった目でその宣伝文句を眺めることができるでしょう。これと同じで、情報分析がどんなふうになされているのかを知っていれば、偽情報に引っ掛かる確率は大幅に下げられるはずです。

朝ごはん型インテリジェンス

なんだか料理の話ばかりしていますが、やっぱり情報分析は料理に似ていると思うんですよね。食材（情報）だけが揃っていても駄目で、調理（分析）するというプロセスがないと食べられる料理にはなりません。皮も剝《む》いていない生のジャガイモだけ皿の上に載っていても食べられませんが、それをふかしてバターを載せれば「じゃがバタ」という立派な料理になるわけです。

この、料理に相当するものを、**インテリジェンス**と呼びます。日本語では**情報資料、**つまり**生情報を処理して意思決定の判断材料になるよう仕立て直したものです。**

インテリジェンスという言葉は諜報機関も用いるので、非常に特殊な世界というイメージがあります。実際にそういうインテリジェンスもあるでしょう。敵国の高官を買収して得た極秘情報、などというのはまさにそうで、誰でも食べられるわけではありません。超高級料亭で有名料理評論家にだけ出される、という類《たぐい》のインテリジェンスです。また、こうしたインテリジェンスにはあまり複雑な分析は求められず、「素材そのものを味わう」という食べ方です。

しかし、どんな食通だって、毎日そんなものばかり食べているわけではないはずです。ごく普通にご飯を炊いて、塩鮭を焼いて、味噌汁とおしんこをつけて朝ごはんにする。日常の9割以上はこんな食事で占められているのではないでしょうか。

本書がいうインテリジェンスは、この「朝ごはん」型です。私自身は、別にクレムリンに特別のコネがあるとか、ロシア軍の内部情報を得ているというわけではないですから、そうするほかないのです。それでもちゃんとお米を研《と》いで、焼き網をきれいに洗って、出汁《だし》を取れば、それなりの朝ごはんが出来上がります。誰でもできることですが、やり方を知らないとなかなかうまくいきません。

というわけで、本書が目指すのは、スーパーで買える食材でちゃんとした朝ごはん一式を作れるようにすることです。びっくりするようなことは特に書いていません。しかし、そうであるがゆえに、ビジネスパーソンから学生までの幅広い読者の皆さんにも応用できる内容ばかりです。本書を一通り読み終わったら、皆さんもぜひそれぞれの「朝ごはん」を作ってみてください。

本書の構成

本書は全部で7章構成になっています。ここまでお読みいただいた「はじめに」では情報分析に関する私の大雑把な考え方を述べましたが、第1章ではロシアのウクライナ侵略を題材として、情報分析が実際にどんなふうに行なわれ、世の中に影響を及ぼしているのかを簡単にスケッチしてみました。続く第2章では、情報分析を行なう上での手法や考え方を改めて詳しく説明します。ここまでが、いわば入門編です。

その上で、第3章では情報の取り方を、第4章では分析のやり方について具体的なメソッドをまとめてみました。こちらは実践編であり、私が実際に日々、情報分析で使っている方法を皆さんと共有できればと思います。すぐにできるものもありますし、時間をかけないといけないものもありますが、いくつかは日々の仕事にも応用できるでしょう。

第5章は分析をまとめる方法に焦点を当てました。すでに述べたように、情報を集めて分析したら、それをインテリジェンス＝情報資料にしないといけません。文字やグラフといった形で可視化することが求められるわけで、言い換えるとプロデューサー的な手腕がものを言います。この点はややもすると見落とされがちなのですが、情報分析を現実社会に活かす上で実は最も大切な部分でもあります。

第6章では、情報分析を行なう上で陥りやすい罠をいくつか紹介しました。情報分析という仕事にはもともと曖昧模糊《あいまいもこ》とした部分があります。そうであるがゆえに恣意が入り込む余地が常にありますし、あるいは情報の海に溺れてわけがわからなくなるということもしばしばです。罠を完全に回避することは不可能ですが、罠があるとわかっていれば回避できる確率は高まるでしょう。これから情報分析を試みようとする皆さんに、出発前の最後の注意点として読んでいただきたいと思います。

情報分析力　目次

はじめに

第1章　ロシアのウクライナ侵略はどう分析されたか？
——溢れる偽情報といかに向き合うか

第3章 情報を取る——どのように定点観測するか

装丁　水戸部功
DTP　キャップス

第1章

ロシアのウクライナ侵略はどう分析されたか？

——溢れる偽情報といかに向き合うか

注目すべきは「可能行動」——把握可能な「能力」で考える

2021年の秋から2022年初頭にかけて、メディアから同じ質問を何度も受けました。すなわち、「ロシアはウクライナに侵攻するだろうか」ということです。当時、ウクライナ国境には多数のロシア軍が集結しており、これが単なる脅しなのか、本当に戦争が始まるのかを世界は固唾《かたず》を呑んで見守っていました。冒頭のような質問が繰り返されるのは当然であったと思います。非公開の場でも同じような質問を受けました。ロシアに投資をしている会社とか、もしヨーロッパで戦争が起きたら非常に困ると考えている会社の人たちです。こちらは自社の利益がかかっているので、もっと切迫感がありました。

幾度となく繰り返されたこれらの質問に対して、私はいつも同じように答えていました。

「プーチンが本当に戦争を始めるかどうかはわからない。しかし、その気になれば非常に大規模な戦争を始められるだけの能力が整いつつある」

ロシア軍事のプロだったらバシッと答えろよ、と思われるかもしれません。実際、その方がウケたでしょうね。でも、私はこの答え方が最善だったと今でも思っていま

図1　「可能行動」で起こりうる事態の上限を把握

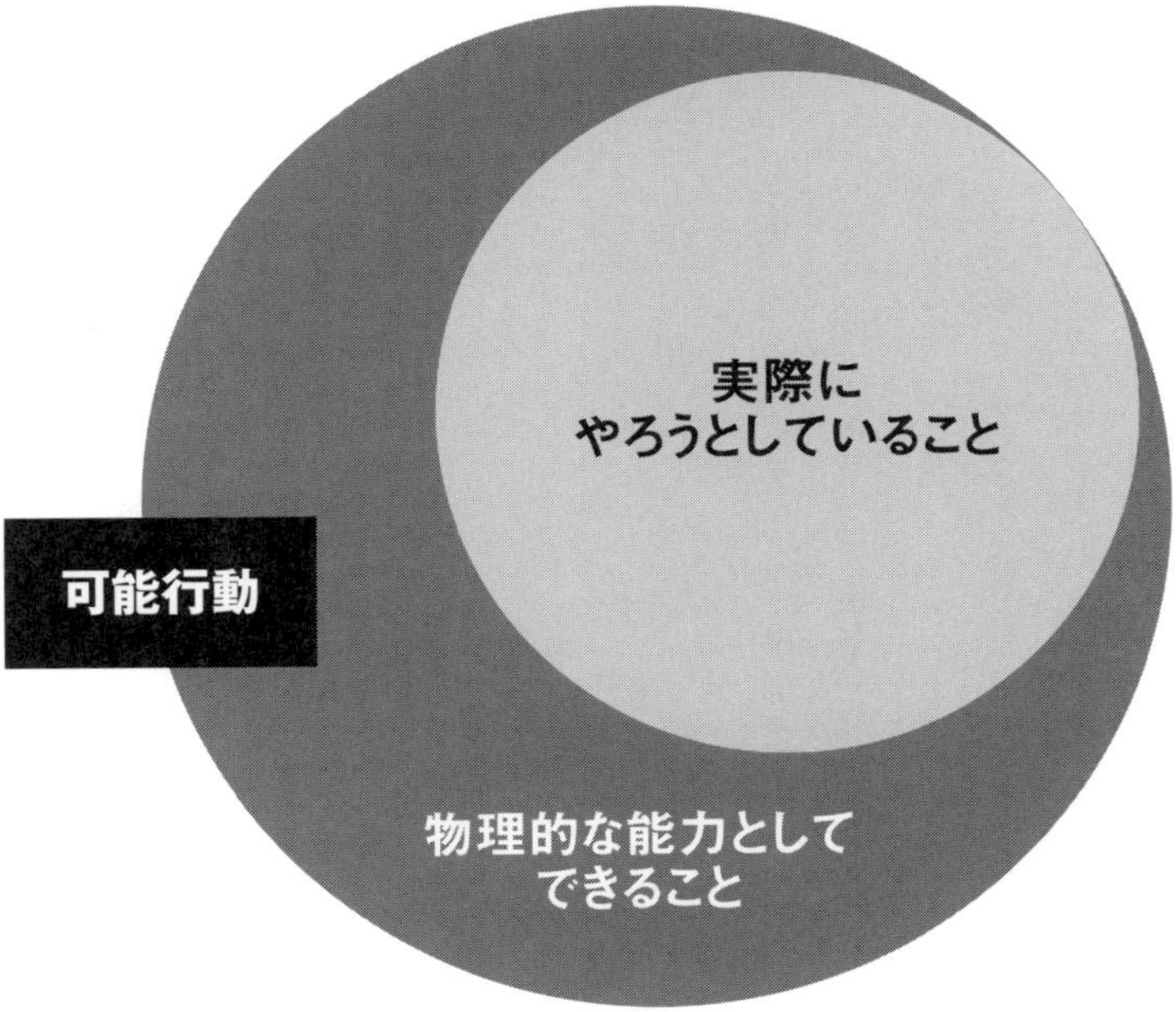

「意図」のような曖昧なことは一旦横に置き、
外形的に把握しやすい「能力」を分析の出発点にする。
「可能行動」から考えると
「実際にやろうとしていること」の上限が見えてくる

す。軍事に関する情報分析というのは、こういう考え方に基づくものなのです。人間の意図――この場合はプーチンの頭の中は、どうしたってわからない。プーチン自身だって最後の瞬間まで決心を保留しているかもしれない。だから、**意図という曖昧模糊としたものを一旦脇に置いて、より外形的に把握しやすい「能力」の方に着目するのです。**

戦争当事者それぞれの「能力」を掛け合わせたものを、軍事用語では**「可能行動」**と呼びます。A国はその気になったらどこまでできるのか、対抗するB国側はどこまで防ぎ切れるのか、というようなことです。仮にA国が少数の軍隊しか持っておらず、しかもそれらの大部分が駐屯地の中にこもっているのであれば、政治指導者が何を言おうと大戦争など始められるはずがありません。他方、大規模な軍隊が攻撃準備態勢に入っているなら、政治指導者の号令一つで戦争を始めることはできます。ではB国側の対抗能力は……こんなふうに**「能力」を分析の出発点にすることで、起こりうる事態の上限を把握するわけです。**

この可能行動という点で見ると、私が繰り返し同じ質問を受けていた2021年の秋から2022年初頭は、非常に重要な時期でした。ウクライナ国境周辺に展開するロシア軍の数が日増しに増えていたからです。つまり、ウクライナに対して実施可能なロシアの行動の幅（能力）は広がり続けていました。当然、ウクライナもこれを察知して動員をかけます。徴兵を終えて予備役になっていた一般市民男性たちが召集されたり、州ごとに編成された郷土防衛旅団が実働態勢に入るなどの動きが活発化しました。ということはロシア側が行動を起こす「能力」に対して、これを妨害するウクライナ側の「能力」も上がっていたわけですから、この双方を勘案しないと可能行動は出てきません。

「ロシア軍15万人」の読み方——日々の地味な積み重ねが情報処理装置を養う

ロシアがウクライナ周辺に展開させていた「能力」を当時の私がどう見ていたかを、もう少し詳しく見ていきましょう。

今回の戦争が始まる直前、ウクライナ国境に集結したロシア軍の規模を15万人程度（親露派武装勢力等も含めて最大19万人）であるとアメリカは見積もっていました。当時のロシア陸軍が採用していた基本的な戦闘単位である大隊戦術グループ（BTG）換算では、125個という評価も伝えられていました。

問題は、この数字をどう解釈するかです。開戦前のロシア陸軍は概《おおむ》ね28万人程度とされ、このほかに海軍歩兵部隊（西側でいう海兵隊）や独立兵科である空挺部隊を合わせると、地上兵力は36万人程度と見積もられていました。この意味では、動員可能な兵力の半分も集まっていないではないかという評価もできるでしょう。

ちなみに、この28万人とか36万人という数字は、英国の国際戦略研究所（IISS）が毎年発行している年鑑『ミリタリー・バランス』から取りました。数万円もするかなり高価な年鑑ですが、ケチらずにこういう基礎資料に投資しておくのは大事です。いざというときに信用のできるデータがパッと出てくるかどうかは、普段の投資とかなりの程度まで比例します（詳しくは第2章で改めて述べます）。

話を「15万人」の評価に戻しましょう。ロシア軍の兵力全体と比較するとそう驚くものでもないんじゃないか、ということでしたが、ロシア軍事を継続的に観察していると、また別の評価が導かれます。

第一に、36万人の地上兵力のうち、約20万人は徴兵（ロシアの場合、18〜30歳の男子が国民の義務として軍隊で12カ月間勤務する）で占められています。これは毎年春と秋に出される大統領の徴兵令を追っていくと概ねわかることです。

第二に、2003年以降のロシアでは、徴兵を戦地に送ってはならないとされています。戦争をするのは職業軍人である将校と下士官、そして志願兵（契約軍人と呼ばれる）だけであり、徴兵はあくまでも軍事訓練を受けにきているだけだという建前なのです。そしてこの建前がある程度までは守られてきた、ということがロシアの社会や過去の戦争を観察しているとわかってきます。以上を総合すると、地上兵力が全部で36万人だと言っても、うち20万人は実戦投入が難しいのではないか、ということが推定できます。ということは、15万人の地上兵力というのは、ロシアが実戦に投入できる兵力のほぼ上限ということになるでしょう。

第三に、この15万人はロシア全土からかき集められていました。ウクライナに面する西部軍管区や南部軍管区だけでなく、シベリアや中央アジアを管轄する中央軍管区、あるいは極東の東部軍管区からも主力部隊が丸ごと引き抜かれて、ウクライナ周辺に派遣されていたのです（これは第3章で紹介するオープンソースインテリジェンス［OSINT《オシント》］で明らかになったものです）。こんな兵力集結は、毎年秋に行なわれる軍管区レベルの大演習でさえ見たことがありませんでした。

最後に、15万人のロシア軍がＢＴＧとして編成されており、その数が１２５個と見積もられていたことも、見る人が見れば意味を持ちます。ＢＴＧというのは師団や旅団のようにきちんと決まった編制ではなく、そこから兵力を抽出して「生成（generate）」されることになっています。例えばロシア陸軍の歩兵旅団は通常3～4

個の歩兵大隊で構成されますが、このうち契約軍人（徴兵ではない志願兵）によって充足された高練度大隊を基幹とし、ここに戦車・砲兵・防空部隊などを付け加えた戦闘チームがＢＴＧなのです。ということはロシア軍の旅団は見かけ通りの規模で戦闘力を発揮できるわけではなく、その中から何個のＢＴＧを「生成」できるかが問題になるわけです。ロシア軍のヴァレリー・ゲラシモフ参謀総長は、２０１９年時点でその数を１３６個としていました。それからの数年間でＢＴＧの数が１５０個くらいまで増加していたとしても、１２５個ＢＴＧというのは投入可能な戦闘チームのほぼ全力であろうという結論がやはり導かれます。

こうした思考過程から、欧州部におけるロシア軍の可能行動がどうもかつてない広がり方をしている、ということがわかってきたのです。**情報を取るだけではなく処理すること、すなわち「情報処理装置」が重要である**と私が強調する理由はこの辺にあります。**バックグラウンドを知っているか知らないか。**同じ情報に接しても、その意味するところの解釈が大きく変わってくるのです。

読めなかったプーチンの「意図」

もちろん、意図の分析をしなくていいということではありません。**可能行動の範囲内で実際に何ができるのか**を分析しないと、常に最悪のシナリオばかりが出てくるに決まっています。

私が大学での仕事を終えて帰宅すると、奥さんが夕食を作っておいてくれています。もし、可能行動だけでものを考えると、奥さんがそこに毒を入れておくことは可能なわけです。だからといって「俺は夕食を食べないぞ」と言い出すのは異常ですよね。大抵の人は「よもや奥さんがそんな意図を持っているはずがない」と考えて夕食に箸をつけるはずです。

ただ、このような性善説的推測は一定の信頼関係があるから成り立つ話であって、前夜に刃物沙汰の騒ぎが起きていたなら、違った推測が成り立つかもしれません。軍事に関する情報分析というのは多くの場合、ある程度の緊張関係を前提としているので、どうしても性悪説になりがちです。毒は入っているかもしれない。ではそれは致死的なものであるのか、それとも体調を悪化させる程度のものであるのか。可能行動の範囲内で相手は何をしてくるのか。相手の意図にまつわる曖昧性が、こうして立ちはだかってくるのです。

実際、私はこの戦争に関してロシアの意図を大きく読み誤りました。ロシアがウクライナに戦争を仕掛けるとしても、それは限定的なものになるのではないか、と考えていたのです。より具体的に言うと、ウクライナ東部ドンバス地方での紛争解決策として2015年に結ばれた第二次ミンスク合意をロシアに有利な形で履行させるため、限定的な軍事力行使で圧力をかけるのではないかというのが私の考えでした。いくらなんでも全面侵攻に及んだ場合、ロシアが被る経済的ダメージや外交的孤立などのコストが大きすぎる、というのがその根拠です。

実際、開戦直前にはこの見立てを裏付けるかのような動きが相次いだので、私はかなりの確信を持ちました。当時、ロシアの国家規格に遺体の大量埋葬に関する手順が追加されたり（多数の戦死者や民間人死者が出ることを想定していたのでしょう）、緊急輸血用血液の備蓄が増えているとの報道が出るなど、開戦が近いらしいという感触自体はありました。それでも軍事行動の規模自体は限られたものになるのではないかと考えていたのです（詳しくは拙著『ウクライナ戦争』でその思考過程を述べています）。

ところが開戦の3日前、ロシアは、ドンバス地方の親露派武装勢力占拠地域（「人

図2　「意図」は曖昧。ロシアの「戦争意図」が確定できたのは、開戦3日前だった

Russian Look/アフロ

ウクライナ戦争の開戦3日前、
ロシアはドンバス地方の「人民共和国」を独立国家として承認。
ロシアの戦争意図は、ここで確定できた。
写真は、ドネツク人民共和国とルガンスク人民共和国の独立を
認める法令への署名式(2022年2月21日、ロシア、モスクワ)

民共和国」と呼ばれていた）を独立国家として承認してしまいます。第二次ミンスク合意は、ドンバスの「人民共和国」があくまでもウクライナ領の一部であることを前提としたものですから、これは合意が完全に破棄されることを意味していました。ここまで来るとロシアの意図はもはや明確です。全面戦争が不可避であることが誰の目にも明らかになりましたが、**逆に言えば本当に大戦争が始まる3日前までロシアの戦争意図を確定させることができなかった、ということになります。**

溢れる偽情報とどう向き合うか

加えて難しいのは、**相手が意図を偽る可能性がある**ということです。毒入り料理を食べさせようという人が、「毒が入っているよ」と教えてくれることはまずありません。これと同じで戦争を始めようとする国の政治指導者は「そんな意図はない」と言うでしょうし、実際にロシア政府の高官たちは開戦直前までそう言っていました。後の目で見れば、プーチン大統領その他の発言の中に戦争を匂わせる部分はあったのですが、これは後知恵に過ぎません。

さらに侵略の危険に晒《さら》されていたウクライナ自身も、戦争など起きるはずがない、と繰り返し言い張っていました。ウクライナのゼレンシキー大統領はのちに「そう言っておかないと経済が大混乱になっただろうから」と弁明していますが、本当にそういう配慮があったのか、単に侵略の危険を見誤っていたのかは不明です。

いずれにしても、分析対象の意図を把握するためには、分析対象自身の発信する情報に精通するだけでは不十分である、ということが以上からは読み取れるでしょう。分析対象発の情報に精通すればするほど、「対象が実際に考えていること」と「対象がそう信じさせたいこと」の区別が曖昧になってしまうのです。**政治的な語り（ナラティブ）を分析しているうちにそのナラティブに溺れてしまうわけです。**この、ナラティブにまつわる危険性については第6章で改めて注意喚起したいと思います。

自分では読めない情報の扱い方

もう一つの問題として、**戦略レベルでは意図を把握できたとしても、戦術レベルではまた別かもしれない**、という点があります。

意図を偽るのは政治指導者だけではなく、軍隊も同じです。戦争を始めるかどうかを決めるのは政治指導者ですが、実際に軍隊を指揮する軍事指導者は、大統領に与えられた任務をなるべく達成できるように工夫を凝らします。**ウクライナ侵略について言えば、ロシア軍は開戦前、大規模な欺瞞《ぎまん》作戦を展開しました。**

欺瞞はロシア語で**マスキロフカ**と言いますが、ソ連・ロシア軍は伝統的にこの種の偽情報活動を得意としてきました。どの方向から攻め込もうとしているのか、どのような種類の部隊がどのような戦術を使おうとしているのかを敵に誤解させるわけです。これに成功すれば、戦争の最初期段階（ＩＰＷ）で相手を屈服させられるかもしれないわけですから、軍人たちが欺瞞を重視するのは当然でしょう。

この戦争でロシア軍が用いたマスキロフカは、メインの攻撃方向（主攻方向）がドンバス地方であるかのように装い、これによってウクライナ軍主力を国土の東部へとおびき出すというものでした。そうしてガラ空きになった首都キーウを、ヘリコプターに乗った軽歩兵部隊による着上陸作戦（ヘリボーン作戦）で電撃的に占拠してしまおうとしたのです。ウクライナが首都を明け渡さずに済んだのは、数少ない首都防備部隊が予想外に善戦したという、多分に幸運によるものでした。

この辺になってくると、私のような民間の分析者が収集できる情報には限界がありますし、それを読み解く「情報処理装置」もまた別のものが必要になってきます。端的に言えば、自衛隊で教えられるような戦術や作戦に関する知識ですね。ロシア軍事専門家ってそういうのもわかるんじゃないの?と言われそうですが、わかりません。私が専門にしているのはロシアの軍事思想であるとか軍事的な制度、軍改革をめぐる歴史、政府と軍の関係性（政軍関係）などであって、戦場での具体的な戦い方は明確に専門外です。当初はこういうことにもコメントを求められては苦し紛れになんとか答えていたのですが、不誠実だろうと思って触れないようになりました。現在では、このレベルの情報分析は、私は原則的にやっていません。

ただ、戦場で起きる比較的ミクロな出来事が、時に戦略レベルの効果を生むことがあります。キーウをめぐるロシアとウクライナの攻防などはその典型と言えるでしょう。畑違いだけれども重要、というこの種の情報分析をどうすべきか。自分で勉強してみることも大事ですが、同時に、**信頼のおける隣接分野の専門家を見つけて頼る**、という方法を私は推奨します。例えば自衛隊出身の研究者みたいな人ですね。

一人の人間にできることは所詮《しょせん》限られているのですから、「餅《もち》は餅屋」と割り切って、その道のプロに頼りましょう。そういう人を探して繋がりを作るのも情報分析力の一部です（第4章を参照）。しかし、向こうもタダでは協力してくれないでしょうから、そのためにも自分の情報分析力を磨いて、相手にとって役立つ存在になる必要があります。

「なんとなく興味がある」は強い

私が大学院に入ったのは2005年のことでした。研究テーマとして志したのは今と同じ、ロシア軍事です。

そう言うと、「なんでまたそんなテーマを?」という問いが必ず返ってくるわけですね。何しろ当時のロシア軍はまだソ連崩壊の余波に苦しんでいる最中でした。経済が上向きになるにつれて状況は徐々によくなっていましたが、軍隊内部では新兵いじめや麻薬汚染が依然として深刻な問題となっており、訓練や装備調達も満足に行なえていませんでした。当然、真っ当な家庭は息子を徴兵に出したがりませんから、ロシア社会では徴兵逃れが「常識」化し、将軍たちは「愛国心はどうなったんだ!」と憤《いきどお》っていました(まぁその本人が賄賂《わいろ》をとって徴兵逃れを斡旋《あっせん》したりしていたわけですが)。

何より、冷戦はもう終結していました。ロシア軍の状態がどうであれ、そもそもロシアの軍事力というテーマ自体がもうそんなに重視されなくなっていたのです。

こうしてみると我ながらどうしてロシア軍事なんか研究しようと思ったの

か不思議に思えてきますが、そう深い考えがあったわけではありません。「なんか秘密めいていて面白そうだから」。ひとことで言えばそんなところでしょう。「なんとなく興味がある」という以上のものではありませんでした。

しかし、私が大学院を出た翌年の2008年、ロシアとジョージアの間で戦争が起きました。2014年にはウクライナ領クリミア半島をロシアが軍事占領し、ドンバスでも紛争を引き起こします。その後も、2015年以降のシリアへの軍事介入や中東・アフリカでの民間軍事会社「ワグネル」の暗躍とロシア軍事に関する重大事態は相次ぎました。その総仕上げが、今回のウクライナに対する全面侵攻です。2019年に現在の東京大学先端科学技術研究センターに着任するまでは、非常勤の研究職とライター業で食べていたのですが、仕事に困ることだけはありませんでした。

こういう事態を予測できていたなら、先見《せんけん》の明《めい》があったということになるでしょう。しかし、そうではなかった、ということは前述のとおりです。興味の赴くままに好きなことを調べていたら仕事になっていたというだけで、全く威張れません。

ただ、これはある国の社会についても言えると思うのです。将来こんなりスクがあるから、この分野の専門家を養成しておこう——これができるのが理想ですし、実際にそうやって専門家育成がなされる場合もあります。人工知能（ＡＩ）の技術者が大量に必要になる、という話なんかはそうですね。他方、未来を完全に予測することは不可能です。もしも２０２０年代がこんなふうになるとわかっていたなら、日本の大学は私以外にもロシア軍事専門家を育成しようとしたのではないかと思うのですが、現実には私には同業者がほとんどいません。防衛研究所にごく少数、という程度です。最近、韓国や台湾にも行ってみたのですが、これらの隣国でも状況は同じでした。

だから、様々な人が好き勝手な動機でマニアックな研究を行なっているという状況は、ある社会にとってのリスク・ヘッジになっていると思うのですね。これからも世界ではいろいろ思わぬことが起きるのでしょうし、その一部は我が国に深刻な影響を及ぼすでしょう。その時、一人でもその道の専門家がいるかいないか。役に立たなそうなことを地道にやってきたという人間がいるかどうか。そういう人が読者の中から生まれてくれれば、という思いが本書には込められています。

第2章

情報分析で大事なスタンス

——「情報」とは何か

役に立つ形に変換する――インフォメーションとインテリジェンスの違い

今度は、情報分析を実際に行なう上で踏まえておきたいことについてお話ししたいと思います。具体的な方法論は次章以降でお話しするとして、ここでの焦点は、情報分析に臨む上での基本的な立ち位置（スタンス）のようなものです。何のために、どんな分析を行なうのかによっても変わってくるでしょうが、ある程度まで情報分析全般に共通する部分もあるでしょう。

最初に強調しておきたいのが、**「情報は何らかの形で役に立つ何かに変換する必要がある」**ということです。

集めてきた情報は、ただそのまま並べても意味がありません。情報量が極端に限られる場合は別ですが、現代では大抵のことに関してかなりの情報が低コストで、かつ即時に得られます。それらを機械的に羅列していったら、大量の情報に溺れてわけがわからなくなってしまうでしょう。

「クリスマス・ツリー現象」という言葉があります。原子力発電所のような巨大システムで事故が起こったとき、制御盤の警告灯が一斉に点灯して何が起きているのかわからなくなってしまう、という現象を指します。米国で1979年に発生したスリー

図3　**インテリジェンス・サイクル**

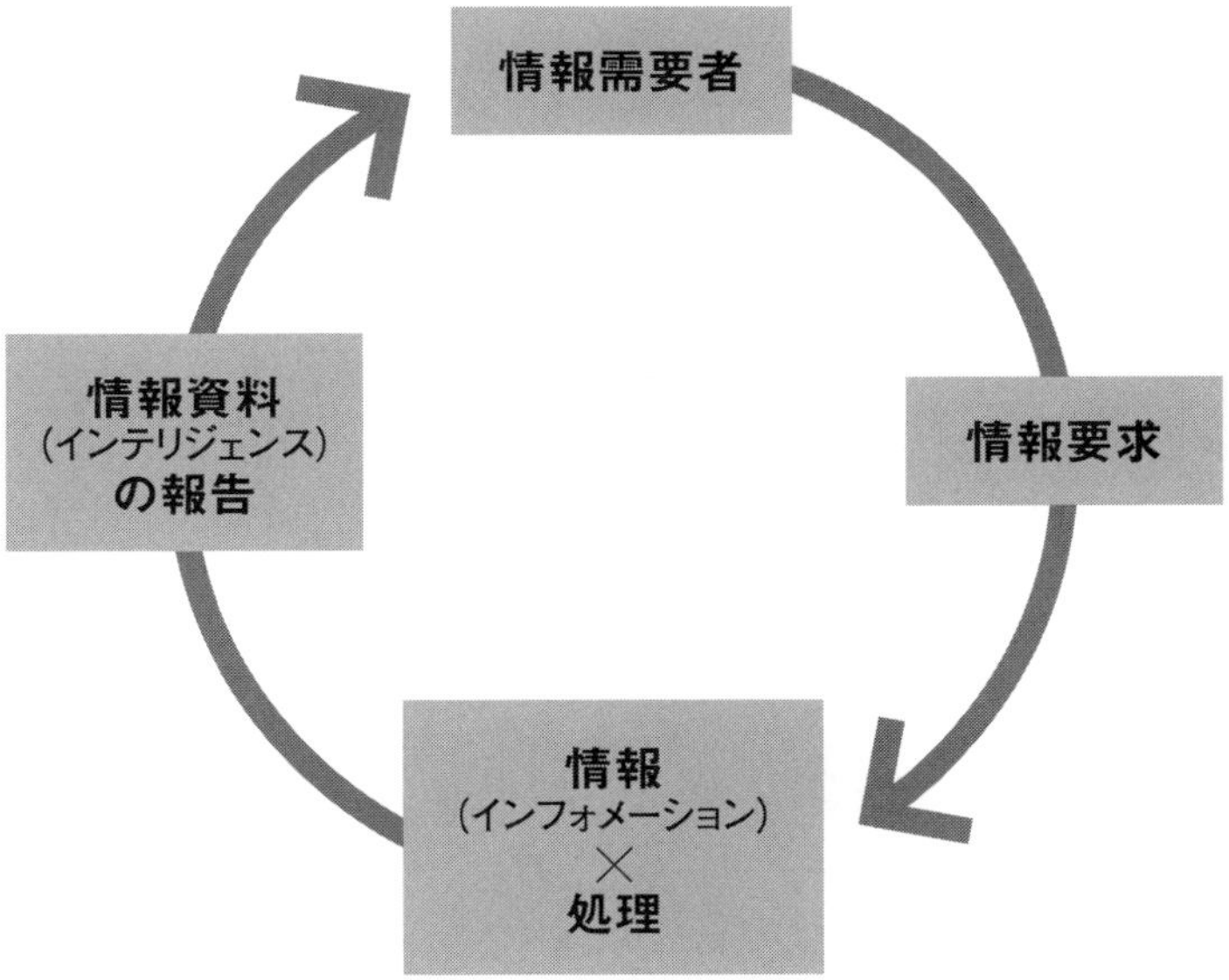

出典：小林良樹『インテリジェンスの基礎理論』を参考に作図

マイル島原発事故では、137個もの警告灯が一斉に点灯してクリスマス・ツリーみたいになってしまい、運転員が混乱しました。それぞれの警告灯は正しい情報を示していたのに、それがあまりに大量に、しかもいっぺんに表示されたために情報の有用性が損なわれてしまったわけですね。情報分析でも同じことが起こりうるのです。ですからこの章では、情報を集めたり処理したりする話の前に、まず「私たちは情報を最終的にどんな形に変換せねばならないのか」についてお話ししたいと思うのです。

ここで必要になるのが、「はじめに」で述べた**「情報（インフォメーション）」と「情報資料（インテリジェンス）」の区別**です。**集めた食材（情報）を調理（処理）して、お客さん（情報需要者）が食べられる料理（情報資料）に仕立て直さねばなりません。**これができないと、「あの人はやたらにいろんなことを知っているけれども何が言いたいのかイマイチよくわからないな」ということになってしまいます（そういう人、思い当たるのではないでしょうか）。ですので「インテリジェンスに通じている人」というのは、集めてきた事実を役に立つように変換できる人と言えるのではないかと思います。

エディターシップを持つ――「お客さん」のための情報資料作り

では、役に立つ情報資料とはどんなものか。

私自身の体験談を一つお話ししましょう。若い頃に外務省の国際情報統括官組織という部署で、非常勤の分析係（名前だけは「専門分析員」とカッコいい）をしていた頃のことです。

ロシア軍事に関するある問題についてレポートを書く仕事を任された私は、張り切って大量のロシア語報道を読み込み、長大なレポートを書きました。外務省では、こういうレポートはまず自分の所属する班の班長にレビューしてもらい、それから首席事務官へ、最後に部署の長（この場合は私が所属していた第2情報官室の情報官）へと回されていきます。私の初レポートは、班長からは承認印を貰えたのですが、次に首席事務官のところへ持っていったとき、こんなことを言われました。

「君なぁ、長すぎるよ。それに専門用語が多すぎるし、文字だらけで読みにくい。学術論文は相手が一生懸命読んでくれるけど、役所の文書っていうのは忙しい人が読むんだから」

この言葉は今でも深く印象に残っています。学生が書く文章がどんなに下手クソだろうと稚拙《ちせつ》だろうと、教員は学生が何を言いたいのか最大限理解しようとしてくれます。学者が書く論文も同様で、かなり難解であっても、それを読み解く責任はある程度まで読み手側にあります（あまりの悪文は別ですが）。学術の世界では書き手が「お客さん」だからです。

しかし、情報分析のために書かれる文章（情報資料）はそうではありません。**「お客さん」は読み手の側であり、書き手は「お客さん」を意識して書かねばならないのです。**私の場合、「長すぎる」「読みにくい」という理由でお客さんに情報資料を受け取ってもらえなかったわけです。

レポートを3分の1の長さに圧縮するよう求められた私は、かなり悩みました。どこを削って、何を残すべきか。軍事用語をどこまで一般的な用語に置き換えるか。言葉で説明しにくいことをどんな表やグラフに置き換えるか。この体験は、今でも私の情報分析の基礎になっています。

膨大な情報を詰め込んで大作を書くのは、実はそんなに難しくありません。本当に難しいのは、刈り込んだり要約したりして、役に立つ形で情報資料にまとめ直すことなのです。これはクリエイターというよりも、編集者の仕事（エディターシップ）に近いものと言えるでしょう。

頭の中身を可視化する――「何となくわかってる」にならないために

また、情報資料を作るという仕事は、情報分析を行なう本人にとっても重要な意味があります。生の情報がたくさん頭に入っていると、「何となくわかってる」という気持ちになってきます。あんなことも知ってるし、ああいう記事も読んだし……それを頭の中で星座のように繋げてみると、「大体こういうことなんだろう」という自分なりの相場感ができるわけですね。

これはこれで必要なことですが、多くの場合、それだけでは役に立ちません。集めた情報を基に筋の通った文章を書いてみると、意外にそれらが繋がっていなかったりするのです。

Aという事象とBという事象の間には多分繋がりがあるだろう、と自分では思っているのだけれども、他人に対してその繋がりを説得しようとするとCという情報がないとおかしい（がそのことについて気づいていなかった）。あるいは、Dという事象は関係がありそうだが、自分の書いた文章を眺めてみると実はあんまり関係がないんじゃないか。一般的にEということが常識かのように言われているが、それって誰がどういう根拠で言い出したんだっけ……？

　このように、**情報資料作りは自分の頭の中を可視化して、第三者の目線で再検討することそのものでもあります。**文章というのは論理構造だからです。その論理構造の中に情報を当てはめていくことで、それぞれの情報同士がどんな関係にあるのかが、容赦なく明らかになってしまうわけです。だから、**情報を集めて「よし、何となくわかった」と思ったら、次は必ず文章としてアウトプットしてみましょう。**「意外とわかってなかった」ということがどんどん出てくるはずです。逆に、この作業を経ていないと、それぞれの情報は宙ぶらりんなままになってしまいます。

　ちなみに**頭の中身を可視化するには、パワーポイントを作るだけでは不十分です。**パワポというのはキーワードや図表を並べた文字通りの「プレゼン」用資料であって、それ自体は論理構造を持たないからです。学会の中でも古くて権威のあるところでは、報告者に対してパワポだけでなく論文（フルペーパー）の提出を求めますが、それは以上の理由によるものでしょう。パワポだけ見ると何となく筋が通っているようにも見えるけれども、あなたの論文を読んでみると実は繋がっていないいんじゃないか、とか、根拠となる資料に信頼が置けないいんじゃないか、という議論をすることがこれで可能になるのです。

同様に、「話がうまい人」にも注意して接する必要があります。話し言葉はパワーポイントよりは論理性がありますが、文章ほどではありません。オノマトペや手振りを使ったりして論理がすっ飛ばされることもありますし、ライブであるために論理構造のおかしさに気づけないこともあります。そういうことに気づいたとしても、相手の声が大きいとか、威圧的であるとか、ものすごい自信を持った態度であるために矛盾を指摘できないということも考えられますよね。

バックグラウンド情報、コア情報、足で稼ぐ情報

今度は、情報との付き合い方について考えてみたいと思います。

情報分析（インテリジェンス）の材料は情報（インフォメーション）ですから、分析者は日々大量の情報を浴びていなければなりません。ここで言う情報には、大きく分けて3つくらいあるのではないかと思っています。

まず、**自分が知りたいことのおおまかなバックグラウンドとなる情報**です。私の場合はロシアの軍事について情報分析をやっているわけですが、そのためにはロシアの政治や、経済や、社会の状況についてもある程度知っておかねばなりません。趣味と

してなら、ひたすら細かい、自分の興味関心についてだけ知っていればそれで十分ですが、情報分析をするためには情報と幅広く付き合わねばならないのです。だから間口は広めに取っておきましょう。

前述の専門分析員時代に私が言われたのは、「君もロシア専門家を目指すなら、日本語で書かれたロシアの本はみんな読んでおきなさい」ということでした。それに続いて、「まぁバレエの本なんかはいいけどさ」とも言われましたが（実際、バレエの本はまだ読んだことがありません）。

一方、**分析のコアとなる情報**とは徹底的にねちっこく付き合う必要があります。私の場合で言えば、ロシア軍の人事情報、部隊の再編、装備調達など、手に入る限りの情報を集めます。こうしてストーカーさながらに対象を追い続けていると、「ああ、またか」とか「おや、これは過去になかったな」ということに気づくようになります。「この時期には大体こんなことをやるはずだがやっていない」とか「いつもと同じことを言っているようだが言い回しが違う」ということにも気づけるようになるでしょう。それぞれは何気ない情報であっても、定点観測を続けることで差分を取り出せるようになるのです。

最後に、**足で稼ぐ情報**、というのがあると思っています。情報分析のために使う情

図4　**分析者にとって必要な3種類の情報**

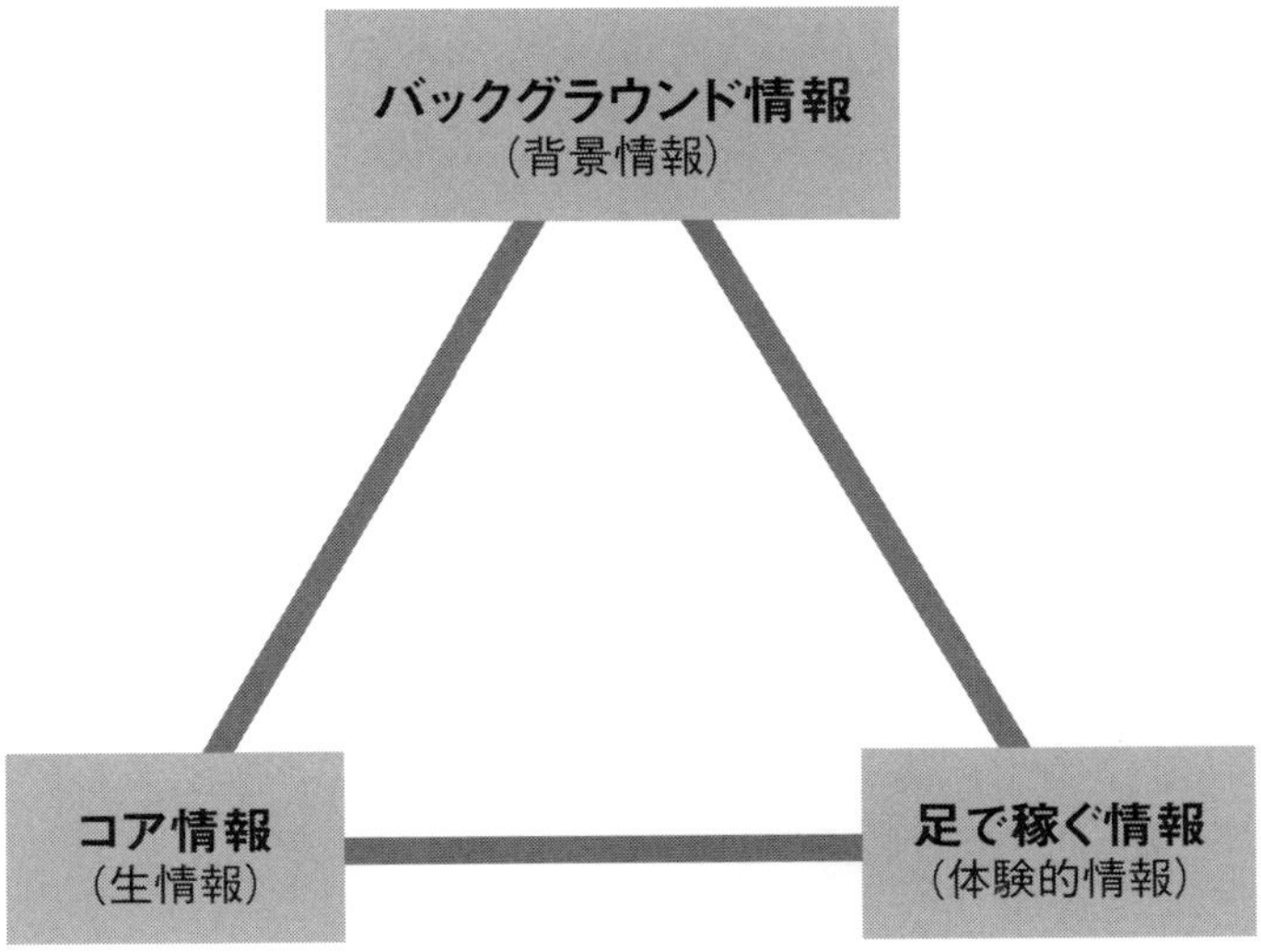

報は、文字で書かれたものや画像、データなど、視覚的なものが比較的多い。これしか手に入らないなら仕方ないのですが、もし現地やその周辺に行ってみることができるなら、可能な限り足を運ぶべきです。

写真では非常に立派そうに見えたものが、現地に行くとなんだか貧相だった、という失敗はホテル選びなんかではよくありますね。なんだかロビーが薄暗い、部屋が変な匂いがする、料理が美味しくない。こういうことは行ってみないとわかりません。コア情報を補完するものという意味ではバックグラウンド情報と似ているのですが、こちらは文献だけでは把握しきれない、より体験的なものです。

また、同じものを見ていたって、バックグラウンド／コア情報に通じた人とそうでない人では体験の質が変わってくるでしょう。逆に、足で稼ぐ情報が豊富であることによってコア情報の分析が深まるという場合もあります。だからここで挙げた3種類の情報は、どれも相互に補完的なものであると考えておいてください。

身銭を切る——ここまで思い詰めたら大したもの

これはちょっと賛否両論があるかもしれません。

情報分析のための必要な資料のかなりの部分を、私は自腹で買っています。もちろん公的に支給されている研究費もあるので、そちらも活用するのですが、それだけでは十分ではありません。高額な研究書やデータベースを購入するとあっという間に使い果たしてしまいます。

ここで「まぁ仕方ないから予算の範囲内でやるか」という考え方もあるでしょう。でも、「あのデータを買えればなぁ」「あそこへ行ってみればすぐにわかるのになぁ」という考えが浮かぶなら、是非チャレンジしてみるべきだと思います。

自腹でもいいからあの情報が欲しい、と分析者が思い詰めているときというのは、大抵、いいところに手が届きかかっているときだからです。すぐに手に入る情報はもう掘り尽くした、というときにこういう気分になるものです。だから正確には**「身銭を切ってでも更なる情報が欲しくなるまで分析対象に入れ込む」**ということになるのかもしれません。

私の場合は、それが衛星画像でした。ソ連崩壊後、ボロボロになっていた北方領土駐留ロシア軍の近代化が始まったのは、２０１０年代に入ってすぐのことです。我が国の安全保障に関わることなので世間的な関心は高いですし、私自身も興味をそそられたので、ロシアのメディアや軍の新聞などを徹底的に漁りました。

ただ、軍事に関わることですから、そう簡単に全貌が明らかになることはありません。ロシア語や英語で書かれたロシア軍に関する専門書も極東についてはほとんど触れておらず、フラストレーションばかりが募っていきました。インターネットの画像検索を使って現地で撮られた写真を漁り、兵役経験者のコミュニティサイトなどを当たるともう少し細かいこともわかってきましたが、やはり最新の情報は出てこない。

そこで思いついたのが衛星画像です。もしかして宇宙から見れば一発でわかるのでは？という考えが浮かびました。私と衛星画像分析の付き合いはここから始まっています。といってもここから紆余曲折が随分あるのですが、これについては本書後段でお話ししていきましょう。とにかく必要な情報をお金で買えるなら、情報収集にかかる時間や手間を節約して、その分のリソースを情報分析という本丸の作業に回せるようになるのです。

それから、自腹で買った情報には色々と利点があります。**「自分のためだけの図書館」**が作れる、ということがまず挙げられるでしょう。あの本は出身大学の図書館へ、あの本は国会図書館へ、と資料を借りに走らずとも、必要な本が自分の部屋の壁に並んでいれば効率が格段に上がります。そして、こうして集めた本を眺めたり並べ替え

図5　著者が情報分析に使っている衛星画像

2016年に択捉島に配備された地対艦ミサイルの基地
Image © 2023 Maxar Technologies

択捉島のロシア軍司令部　Image © 2023 Maxar Technologies

北方領土駐留ロシア軍の近代化が始まったことをきっかけに、
著者は情報分析に衛星画像を取り入れた

たりしているときに、「この本で言われていることとこの本で主張されている話を敷《ふ》衍《えん》すると、こんなことが言えるのでは？」と**新しい仮説が頭に浮かんできたりするの**です。

書き込みができる、というのも自分で買った資料の利点です。何百ページもある専門書の中身を完全に覚えていられる人なんかいません。そういう本をメモしておく方法なんかも大学院では教えられますが、私にはまだるっこしくて馴《な》染《じ》みませんでした。何しろ本を読みながらパソコンを開いてメモを取っていくわけですから、どうにも時間がかかって仕方ないし集中できないのです。

自分で買った本なら、興味深かった点を余白に直接書き込んでおけます。そこに付箋でも挟んでおけば、ずっと前に読んだ本でもそのときの気づきに比較的早くアクセスできるというわけです。最初は何万円もする研究書に書き込みをすることにちょっとためらいもありましたが、今では私の当たり前の習慣になっています。

新しいガジェットは一通り試してみる——ミーハーであることを恐れない

インテリジェンス理論では、情報の収集と分析は分けるべきだとされています。大きな組織の場合、これは正しいでしょう。情報収集は情報収集のプロに、分析は分析のプロに任せた方が圧倒的に効率がいいからです。しかし、私のような民間の分析者はそうはいきません。基本的には自分で情報を集め、分析するしかないのです。

一方、矛盾することを言うようですが、なんでも自分でやろうとしてはいけないとも思っています。一人、あるいは少人数でできることには限りがあるのですから、外部から取り込める力はどんどん取り込むべきです。

だから、新しいガジェットはなんでも積極的に試してみましょう。必ず役に立つとか、使いこなせるとは限らなくても、**限られた自分の力をどうやったら拡張できるのかを常に考える**わけです。一見ミーハーなようでも、新しいものにはとりあえず飛びついていると、自分に合ったツールといつか必ず出会えます。

このことはまた、自分の頭を過信しないということでもあります。情報分析という作業は「頭のよさ」と結びつけられがちです。もちろん頭はいいに越したことがないのですが、私の場合はさっぱり自信がない。実際、大学院では全然論文が書けずに「自分はなんて頭が悪いのだろう」といつも劣等感を持っていました。

しかし、私に本当に足りなかったのは、頭の悪さを補おうとする工夫だったのだと思います。詳しくは第5章で述べますが、インプットを増やすとか、情報の一覧性を高めるためにパソコンの画面を広くするとか、自分の脳みその性能不足を補う方法は色々とあります。思い切って専門家に聞いてみたら、方向性が見つかったり、必要な情報が得られるかもしれませんね。

「自分でやるしかない」ということは、「全部自分で考えるしかない」ということを必ずしも意味しません。「自分でできること」の範囲は結構広く、しかも可変なのです。

頭の中に分析対象のエミュレーターを作る
——ただしスイッチはいつでも切れるように

最後がこれです。**分析対象はどんなものの考え方をするのかを、頭の中でエミュレーション（模倣）できるようにしておく**ということです。

アメリカ国防総省には総合評価室（ONA）という部署があります。伝説的な戦略家として知られるアンドリュー・マーシャルの下、ソ連との冷戦を勝ち抜く長期戦略を立案するために作られました。

そのONAが出してきた戦略の一つが、新型爆撃機B－1への予算復活でした。B

－52に代わる新型高速爆撃機として期待されたB－1ですが、ミサイルの性能が向上してくると無用の長物とみなされ、カーター政権下では開発が停止されました。しかし、マーシャルらは、その開発を再開すべきだと主張したのです。第二次世界大戦の緒戦においてドイツ空軍の奇襲攻撃で航空戦力を壊滅させられたソ連は、空襲に対して強い恐怖を抱いている。その証拠に、空軍とは別に防空を専門とする軍種（防空軍）をわざわざ設置している。したがって、侵入能力の高い新型爆撃機を米国が開発すればソ連は防空能力の強化に走るはずであり、軍事費に負担をかけられるだろう、というのがマーシャルらの考え方でした。

ロシアや中国、あるいは北朝鮮は、何を考えているのかよくわからないと言われます。実際その通りではあるのですが、では、なぜわかりにくいのか。それは彼らが非合理的だからではなく、我々とは違う合理性にしたがって行動しているからです。この、**「我々とは違う、彼らなりの合理性」**を理解し、**「彼らならきっとこんなふうに考えるだろう」と推測できるようになること**、つまりエミュレーターを持つことが情報分析を行なう上では非常に重要になってきます。

ただし、**エミュレーターのスイッチはいつでも切れるようにしておかないといけません。**外国の事情によく通じた人が、ときにその国の代理人のように振る舞い始めることがあります。実際にそういうつもりで生きていくならその人の自由ですが、私のやっているような軍事分析というのは、畢竟《ひっきょう》、日本の安全保障に資するものでなければなりません。

外交やビジネスのために行なわれる分析だってそうでしょう。「お客さん」は分析対象ではなく、自分が属している何か（国や会社）です。エミュレーターの精度は可能な限り高くなければいけませんが、あるところでパチンとスイッチを切って、今度は自分たちの側に立ってものを考えられるようになることが絶対に必要です。これについては第6章で改めて論じましょう。

column

「足で稼ぐ」とはどういうことか

第2章では「足で稼ぐ情報」についても触れていますが、もう少し補足しておきたいと思います。これはよくジャーナリストの仕事について言われることでもありますね。何か事件の起きた現場に行く、関係者の話を聞く、そうして重要な情報や知見を世間に提供してくれるのがジャーナリストです。しかし、分析者にも同じことができるとは限りません。現場は見られないかもしれないし、関係者には会うことさえもできないという場合の方が多い。私なんかはそうです。何しろ相手がロシア軍ですからね。

ただ、これも工夫次第ではあります。例えばロシア軍の基地を直接目にすることは多くの場合、不可能です。他方、武器展示会なんかは比較的広く開かれていますから、自分で訪れることは不可能ではありません。そうすると、同じロシアの軍需産業でもここは羽振りがいいとか、最近は中国の企業がブースを出すようになっている、なんていうことがわかってきたりします。

また、武器展示会の売り物は武器（や軍用装備品）ですから、ブースでカタログを配っています。いわば現地でしか手に入らない公刊資料です。こうやって手に入れたカタログを持ち帰ってファイルに綴《と》じておくと、衛星画像で分析を行なうときに「あのミサイルの全長はこのくらいだと製造元のカタログに書いてあったので、ここにボヤっと映っているのと大体同じ大きさだな」という形で利用できたりもします。

あるいは、「分析対象の周辺」や「分析対象と似た現場」を見ていくという方法もあります。ロシアの軍事基地には立ち入れないとしても、旧ソ連の国やかつてソ連の同盟国だった国に行ってみたらどうでしょう。基地の跡地が博物館になっていて、ソ連式の軍事基地がどんなふうに出来上がっていたのかを意外とあっさり知ることができたりします。第4章で触れるウクライナの戦略ロケット軍博物館なんかはこの種の「分析対象の周辺」に基づくアプローチとして訪れたものでした。

「分析対象と似た現場」というのは、例えば自衛隊ですね。ロシア軍も自衛隊も軍事組織ですから、やはり似たところがあります。だから自衛隊の見学も、機会があればなるべく行くようにしています。これを積み重ねていると、軍事組織というのはこんなふうに運営されていて、基地の中にはこんなものがあって、という相場感が自分の中にできてきます。

どこへ足を向ければ情報を稼げるのか、それぞれの分析対象に合わせて知恵を絞ってみてください。うまいアイデアが浮かばなければ、とりあえずどこかへ出掛けてみるという程度でもいいでしょう。足の向けどころのヒントが得られるかもしれません。

第3章

情報を取る

――どのように定点観測するか

情報の目的と「解像度合わせ」
――問い＝情報要求に応えるためのレベル設定

ここからは具体的な情報分析のメソッド（方法論）について踏み込んでいきましょう。まず取り上げるのは、**情報収集には目的と解像度が大事**だという話です。

現代の世界には情報が溢れている、ということはここまでの内容からおわかりいただけたと思います。ほんのちょっとした手間やお金で、かつてでは信じられないような情報を手に入れることができるのです。しかも、本書で挙げたのはごく少数の例であって、工夫次第では思わぬ情報がまだまだ転がっていることでしょう。

問題は、**何を目的に情報を集めるのか**、です。教科書的に言えば、それは一連のサイクルとして実施される情報分析の一部、ということになるでしょう。企業や政府で情報分析や意思決定に携わる人・部署（情報需要者）から「こんな情報資料が欲しい」――という要求（情報要求）があり、これに応じてまず情報収集活動が行なわれます。次に専門家が情報分析を行なって情報資料が作られる。こうした情報需要者のところに届けられた情報資料に対して、役に立ったとか立たなかったというフィードバック

図6　情報収集には目的と解像度合わせが必要

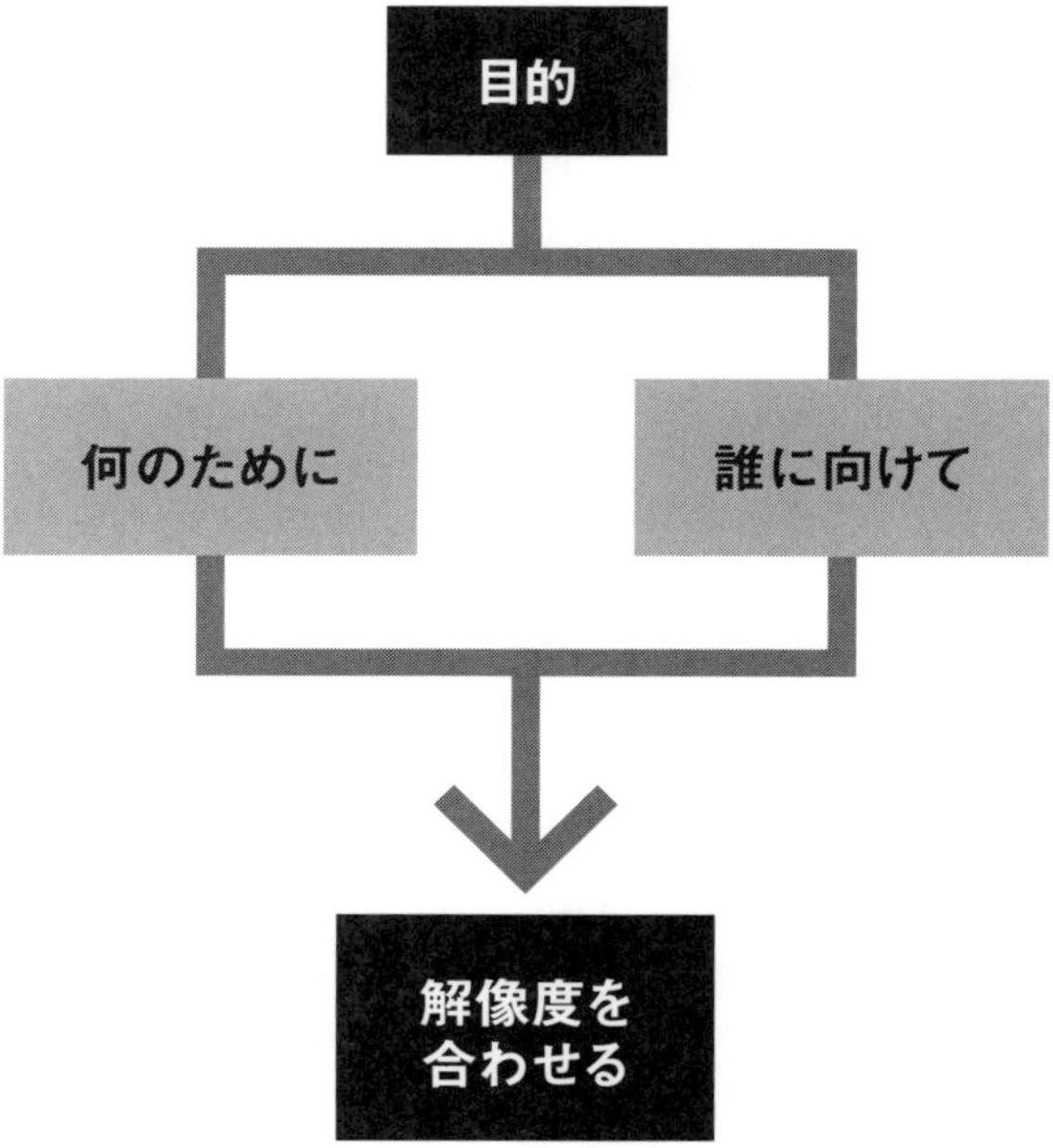

があって、次のサイクルに繋げられていく。理想的にはそうです。このとおりであれば、情報収集担当者はあまり難しく考える必要はありません。情報需要者が求めるものを探して集めてくればいいわけです。

しかし、インテリジェンス理論の教科書にも書いてあることですが、大抵はこんなふうにはいきません。情報需要者から明確な情報要求が降りてこないとか、情報需要者自身がどんな情報が必要なのかわかっていないとかいう場合が多いからです。情報要求があったとしても、それは到底無理難題である、というケースも考えられるでしょう。どこの組織でも起こりうることですね。

だから**情報分析に携わる人間には提案力が求められます**。バックグラウンド情報に幅広く目を配る一方、コア情報を徹底的に追い続けることで、「今の情勢に鑑《かんが》みてこんなことを分析対象とすべきではないか」とか「実はこんなこともわかっていますけど」と情報需要者に対して提案できるようにしておくということです。つまり、**情報要求とは「私たちは何をわかっているべきなのか」という問い**なのであって、そうした問いを自分でも立てられないといけないわけです。

ということは、分析サイドとして分析しやすいこと（あるいは分析したいこと）を提案するのではダメだということですね。優れた問い＝情報要求の察知ができないと、

「それを詳細に知ったことで何になるの?」ということになってしまうからです。

これは、**分析の解像度合わせ**という問題に繋がってきます。

北方領土駐留ロシア軍に新型戦車が配備された、という報道に接したとしましょう。これについてどんな情報を集めたらいいでしょうか? 情報需要者に対してどんな提案ができるでしょうか?

情報需要者が外務省であれば、「何両くらい配備されたんだ」「日本のより性能はいいのか」「国際法に違反するようなものじゃないだろうな」といったあたりが焦点になるでしょう。外務省としての問い＝情報要求は、「上司や政治家に対して説明を求められたときに知っておくべきことは何なのか」だからです。ということは問いの答えは政治・外交レベルの比較的マクロなものでなければならず、問題の新型戦車の装甲がいかに凄《すご》いか力説してもあまり意味はありません。解像度が無駄に高すぎるのです。一方、陸上自衛隊の機甲科とか対戦車戦術の研究をしている部署（現場レベル）なら、解像度はどんなに高くても歓迎されるはずです。逆に政治レベルの話を持ってこられても、解像度が低すぎて彼らの仕事には役立ちそうもありません。

このように、**情報収集をするときには、問い＝情報要求のレベルに合わせて解像度**

を調整する必要があるわけです。どの情報源を優先的にチェックするのかも、この解像度の高低によって決まってきます。

公開情報インテリジェンス（OSINT）を活用する
——情報の9割は公開されている

情報収集にあたっての目的が定まり、それに応じて必要な解像度も大体決まった、としましょう。次に問題になるのは、**情報をどこから取るのか**です。

国家が行なうインテリジェンスには色々な種類があります。例えば**信号情報インテリジェンス（SIGINT《シギント》）**。仮想敵国の電波を傍受する方法で、具体的な通信内容を聞き取る**通信情報インテリジェンス（COMINT《コミント》）**と、周波数などを記録する**電子情報インテリジェンス（ELINT《エリント》）**とに分かれます。

ただ、SIGINTを行なうには電子偵察機とか情報収集艦などの大掛かりなアセット（道具）が必要になります。大使館にアンテナを立てて敵国の首都の真ん中でSIGINTを行なう国もありますが、いずれにしても私たちに可能な方法ではありません。偵察機や人工衛星が撮った画像を扱う**画像情報インテリジェンス（IMINT《イミント》）**も

図7　国家インテリジェンスの手法

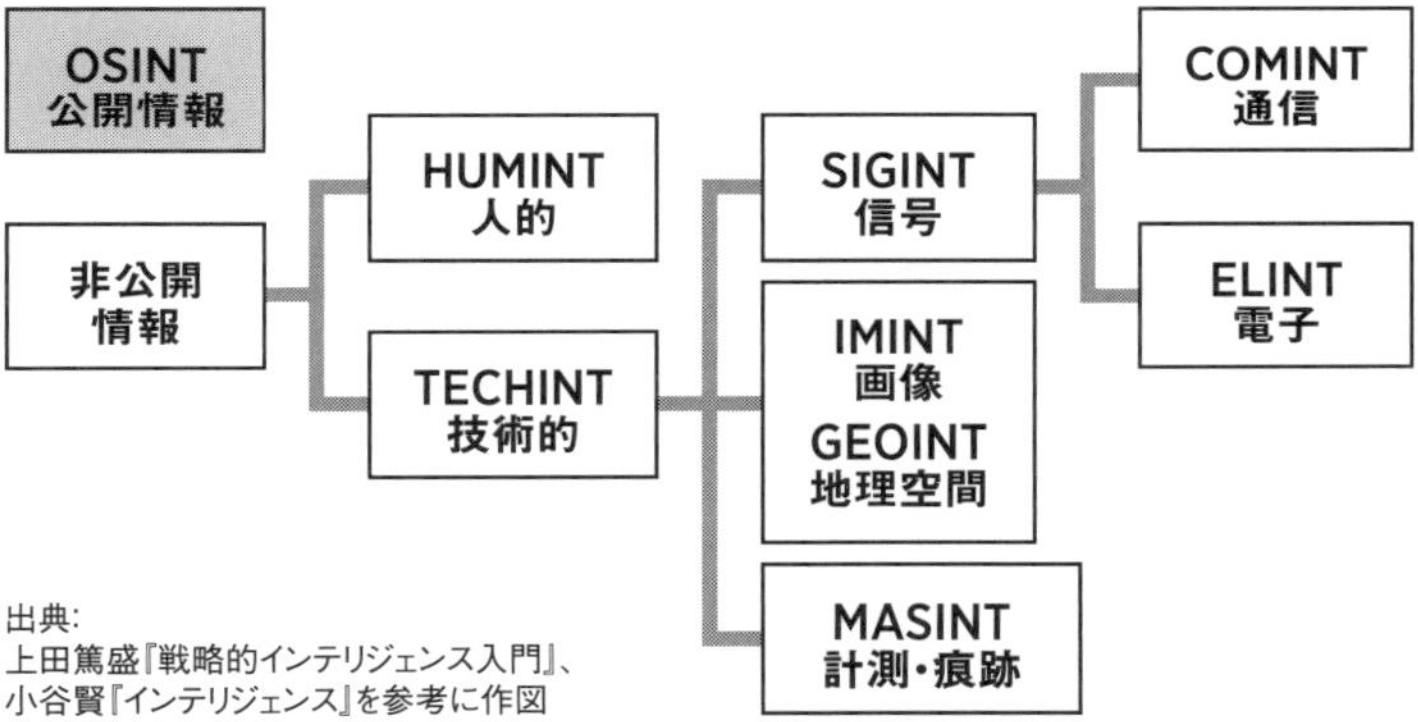

出典:
上田篤盛『戦略的インテリジェンス入門』、
小谷賢『インテリジェンス』を参考に作図

公開情報インテリジェンス OSINT	分析対象国で公表されている公刊資料、 テレビ・ラジオ番組等を材料にする
人的情報インテリジェンス HUMINT	敵国の高官買収など、情報源となる人物に接触して 必要な情報を入手、情報収集活動に利用
技術的情報インテリジェンス TECHINT	テクノロジーを使う
信号情報インテリジェンス SIGINT	仮想敵国の電波を傍受
画像情報インテリジェンス IMINT	偵察機や人工衛星が撮った画像を扱う
地理空間情報インテリジェンス GEOINT	SNS画像やGoogle Earthの衛星画像等の 地理空間データを組み合わせて扱う
計測・痕跡情報インテリジェンス MASINT	計測情報（形状、化学組成など）を収集
通信情報インテリジェンス COMINT	SIGINTの一つ。具体的な通信内容を聞き取る
電子情報インテリジェンス ELINT	SIGINTの一つ。周波数などを記録する

大国の情報機関も9割以上はOSINTを基に情報分析をしている

そうです（ではSIGINTやIMINTは民間の分析者と全く無縁なのかというとそうでもないのですが、これについては後段でお話ししましょう）。スパイを送り込むとか、敵国の高官を買収することによる**人的インテリジェンス（HUMINT《ヒュミント》）**なんかは、民間人がやったら違法になってしまいますよね。

　これに対し、**誰にでもできて、なおかつあらゆる情報分析の基礎となるのが公開情報インテリジェンス（OSINT《オシント》）です。分析対象国で公表されている出版物（公刊資料）を材料とする情報分析**ですね。具体的に言えば、新聞や本、テレビ・ラジオ番組などがこれに当たります。もしあなたが分析したいと考える対象が自分で公刊資料を出しているなら、これがまず第一級の資料になります。私の場合で言えば、ロシア軍の新聞なんかがこれに当たります。

　軍隊というのは意外と新聞好きな組織なんですね。日本の防衛省は『朝雲』という新聞を出していますし、アメリカ軍だったら『スター・アンド・ストライプス（星条旗新聞）』、人民解放軍だったら『解放軍報』があります。ロシア軍の場合は、『クラスナヤ・ズヴェズダ（赤い星）』という新聞をソ連時代からずっと出しており、21世紀に入ってからは独自のテレビ局まで作りました。何十万人とか何百万人という組織をまとめ上げ、国民の愛国心を鼓舞《こぶ》し、入隊希望者を募るためには、独自のメディアが必要になるのです。

そんなものを見ているだけで情報分析ができるの？と思われるかもしれません。もちろん限界も多いのですが、OSINTは意外と有用です。**米国やロシアのようなインテリジェンス大国の情報機関でさえ、9割以上はOSINTを元に情報分析を行なっていると言われる**ほどです。

なぜ公刊資料を読むのか――隠しきれない情報

新聞やテレビで報じられているような当たり前のことが、どうして情報分析の手段になるのでしょうか。特にロシアや中国や北朝鮮のような国のメディアに書いてあることなど、そもそも信用できないんじゃないか。こんな疑問もあるでしょう。

実際、メディアに書いてあることを鵜呑《うの》みにするわけにはいきません。第二次世界大戦中、日本の戦争指導機関である大本営は苦しい戦局を隠すために景気のいい発表ばかりしました。信用できない公式発表のことを「大本営発表」と表現するのはこのためです。

大本営発表のウォッチ、つまりOSINTには、それでも意味があります。その理由の第一は、**情報にはどうしても隠しておけないものがある**、ということです。よく嘘八百の代名詞みたいに言われる大本営発表ですが、実際には全くの嘘ばかり書いてあったわけではありません。勝っているときには戦意高揚のために大々的に事実を公表しますし、負けているなら負けているなりに、ある程度はその事実を認めないと誰も政府を信用しなくなってしまいます。なにしろ連日のように日本本土が空襲を受けていたわけですから、これで「連戦連勝」というのは無理があるというものです。問題はその「ある程度の事実」をどうやって深読みするかなのですが、これについては次の第4章で論じることにしましょう。

第二に、個々の情報はアテにならないとしても、**その傾向の変化を見る**というアプローチがありえます。現在のウクライナ戦争を例に取りましょう。ウクライナとロシアの参謀本部は双方とも戦況を定期的に報告しています。これらの公式発表をずっと追っていくと、「最近になって戦果の報告が増えている。本当にこれだけ勝っているかどうかは別として、戦線での戦闘が激しくなっているらしい」ということがわかったりするわけです。これは公刊情報を個別に扱うのではなくて、一種のメタ情報として扱うアプローチですね。前述した深読みとは逆です。相手の言っていることを一旦真に受けて、その通りに表計算ソフトなんかに入力していく。するとそこに一定の傾向が見えてきたり、あるいは全く出鱈目《でたらめ》ばかり言ってるんじゃないか?という疑いが生まれてきたりします。

第三に、情報の中には**隠しておいたら無意味になる**、という種類のものがあります。スタンリー・キューブリックの映画『博士の異常な愛情』に、こんなシーンがあることを覚えている方もいるでしょう。ソ連には、米国の核攻撃に対して自動的に報復を行なう兵器（世界破滅マシーン）がある、というソ連大使に、ストレンジラブ博士がこう詰め寄ります。「そんな兵器が存在するなら公表しなければ意味がない。何故《なぜ》隠していたのだ!?」

軍事力というのは抑止力としての側面を持っていますから、「こっちは強いんだぞ」とか「我々に手を出したら破滅だぞ」とアピールしないといけないわけです。その詳しい数や性能までは明らかにできないとしても、全く知られていないのでは意味がない。だから、OSINTを丹念にやっていくと、分析対象が「みんなに知っていてほしいこと」がかなり明確にわかってきます。

人情とコンプライアンス

第四に、**人情として隠しておきにくい情報**というものがあります。例えば冠婚葬祭に関する情報なんかがそうですね。新聞にはよくこういう情報が載ります。これだけでは大した情報になりませんが、第二次世界大戦直前、スイスのある歯医者がとんでもない活用法を思いつきました。ドイツの全地方紙を取り寄せ、葬儀の出席者欄に記載された軍人たちの階級や所属を片っ端からリスト化していったのです。

ＸＸ市の元市長の葬儀出席者リストの中に、第○○装甲擲弾兵師団長△△大佐という名前があった、というような情報を丹念に抜き出していったわけですね。これをずっと続けていくと、ドイツ軍にはどのような種類の師団が何個あり、指揮官は誰なのかということがほぼ明らかになってしまいました。

最後に、**分析対象はその対象なりにコンプライアンスに縛られている**ということを指摘しておきたいと思います。中国とかロシア、北朝鮮、イランなんかを見ているとまるで好き勝手をやっているように見えますが、実際にはそうではありません。例えばロシアには常設の議会がありますから、いかにプーチン大統領といえども、何かするときには議会を通す必要が出てきます。

図8　公開情報の読み方

1. 「ある程度の事実」を深読みする
（例：戦況報道も全くの嘘ばかりは書けない）

2. 情報の傾向の変化を差分する
（例：戦果報告の変化）

3. 対象が「みんなに知らせたい情報」から摑《つか》む
（例：抑止力としたい情報）

4. 人情として隠しにくい情報から読む
（例：冠婚葬祭など）

5. コンプライアンス上、出さざるを得ない情報を見る
（例：予算）

ということは、議会内の委員会にかけて、それから本会議の第一読会があって、第二読会をやって……と、手順は意外と西側民主主義国と変わりません。その過程では大量の資料や議事録が作られます。一部は機密扱いされるにしても、全部秘密にはできませんから、比較的当たり障りのなさそうなものは議会のサイトに公開されます（そしてこのサイトがなかなかよくできている）。こういう**「コンプライアンス上、出さざるを得ない情報」**が、OSINTの格好の材料となるわけです。

私のOSINT実践法

私自身の日々のOSINT活動についても少し紹介してみましょう。

前述のように、私はロシア軍の新聞『赤い星』を読んでいます。するると、意外といろんなことがわかってきます。北方領土駐留ロシア軍が大規模演習をやっているとか、こんな兵器が配備されたとか、意外と正直に書いてあるのです。軍高官のインタビューもしょっちゅう載りますから、今、ロシア陸軍ではこんなことが課題として認識されているのだとか、海軍は将来こういう方向性を目指すらしいといったことも見えてきます。参謀本部が出している理論誌『ヴォエンナヤ・ムィスリ

（軍事思想）』や軍事科学アカデミーの紀要、将軍たちの著作あたりまで手を出すと、ロシア軍高官たちの間でこんな軍事戦略が議論されているとか、アメリカや中国や日本をどう思っているのか、という割に正直な情勢認識も知ることができます。部内誌というのは基本的に軍内部で意思統一や意見交換をするために出されている出版物ですから、あまり嘘がつけないのですね。

もちろん、軍隊のやることですから、全くの虚偽情報とか、改竄《かいざん》された情報が流れてくることもあります。民間メディアの報道でも軍事に関する話はやっぱり鵜呑みにできないことが多く、眉に唾《つば》しておくべきでしょう。ロシアの通信社や新聞の報道でよくあるパターンは「匿名の防衛産業関係者によると」という形で新兵器開発の噂なんかが流れてくる、というものですが、大抵は真偽が検証し難いですし、検証できるとしてもかなり先になるでしょう。だから**こういう話は「事実なら面白いね」と真偽は一旦留保にしておき、むしろメタ的に扱うようにしています。**すると「この新兵器の話、もう10年前から繰り返し言ってるけど一向に実現しないな」とか「いつもは『高精度』と言っているけど、今回だけ『超高精度』というのはどういう意味だろう」という読み方が可能になるのです。

前節の終わりで述べた、「コンプライアンス上、出さざるを得ない情報」にもちょっと触れておきましょうか。毎年の予算なんかはその典型です。ロシアは秘密主義の国なので国家予算にも秘匿条項が結構あるのですが、議会の審議過程で出される文書まで辿《たど》っていくと、概ねこのくらいだろう、ということが推定できます。通常、ロシアの国防費は年間3兆5000〜8000億ルーブルくらいなのですが、戦争が始まってからは6兆ルーブルを超え、2024年度は補正前の段階で既に10兆8000億ルーブルにも達していました。これだけでもロシアが凄まじい戦費を注ぎ込んでいるということが読み取れます。と同時に、国防費の増大に伴う財政赤字はGDPの0・8%程度だから簡単には財政破綻しないだろう、とも予測がつきます。

兵器調達や軍事施設の建設でもそうです。ロシアも一応は市場経済化されているわけですから、一定以上の金額を国防省が執行するためには公告を出して入札で事業者を決めないといけません。実際には汚職であったり機密であったりがつきまとうのですが、かといって全く黙って金を使うわけにはいかない、というコンプライアンスがロシア政府を縛るのです。そして世の中にはこういう公告類を政府のサイトでウォッチし続けているオタクというのがいて、そういうオタクの集まるフォーラムをチェックしていくと「こんなもの見つけたぞ！」なんて教えてくれたりします。

　ここからは面白いことが色々とわかってきます。例えば北方領土での軍人用官舎や兵舎の建て替えに際して出された仕様書を見ていくと、国後島《くなしり》と択捉島《えとろふ》合計で将校355人分、契約軍人（下士官・兵士）1904人分、徴兵418人分、その他568人分（他地域からの出張者、軍属）と明確に書いてあります。足すと3245人分で、これに空軍や海軍（国後と択捉には地対艦ミサイル部隊がいます）も入れると3500人くらいでしょうか。とすると、従来からロシア側が日本に対して説明してきた「北方領土駐留部隊の兵力は約3500人」という話は概ね本当だったらしい、ということになります。択捉島と国後島それぞれの大まかな配備兵力もこれでわかりますし、徴兵（第1章で述べたように戦場に投入できない）よりも契約軍人が主体らしいとか、司令部のある択捉島には連邦保安庁（FSB）の職員もいるらしいとか、女性軍人はそれぞれ20人ずつしか配属されていないといったことも読み取れます。

OSINT vs. ロシア軍

　もちろん、こういうことはロシア側もわかっていますから、戦争が始まると公刊資料の閲覧に徐々に制限をかけ始めました。完全に非公開になってしまうという場合もありますし、いくつかの刊行物については外国人にだけ見せないという、ソ連時代みたいな規制も復活しつつあります。情報の扱いは隠す／隠さないという二元的なものではなくて、「隠し方をコントロールする」という、よりファジーで幅広い領域が広がっているんですね。

この意味では、国防省／軍よりも軍需産業の方が急速に実態を掴みにくくなりつつあります。10年くらい前までは軍需産業各社の年次報告書をインターネットで閲覧できたのですが、今ではもう一切公開されなくなったためです。年次報告書には従業員数、売り上げ、生産高などが記載されますから、各社の分を集めていくとロシアの軍需生産能力が大まかには把握できてしまいます。ロシア政府はこれを嫌ったのでしょう。

それでも公刊資料によるOSINTは滅多《めった》なことでは封じ込められません。前述した様々な理由で、情報を完全に封じ込めるというのはまず不可能なのです。北朝鮮のような閉鎖国家でさえ、21世紀の世の中で生きていこうと思ったら何らかの情報発信をせざるを得ない。そこには必ず情報分析の余地があります。

政治的な言葉遣いの変化を見る、という方法はその一つです。官僚や軍人と違って、政治家は常に自分の考えを語ることを求められます。考えていること全部を明らかにはしないでしょうし、改まった演説を行なうときには役人やスピーチライターの手も借りるでしょう。しかし、とにかく何らかの意見表明を常にしていないと政治家には存在意義がありません。お上が決めたことを黙って実行するだけであれば、役人や軍人だけで十分なはずだからです。ということは政治家というのは本質的に黙っていられない生き物であり、外部の分析者にとってはそれがチャンスになります。

ウクライナ侵略が始まる少し前から、プーチン大統領をはじめとするロシア政府高官たちは「ウクライナ政府」という言葉を使わなくなりました。代わって登場するようになったのが「キエフ政権」という言い方で、違法な権力がウクライナの首都に居座っている、ということを暗に示しているのでしょう。すると、「キエフ政権」が「ウクライナ政府」にとって代わり始めたのはいつ頃だったのか、なんていう過去に遡《さかのぼ》った情報収集の仕方があり得るでしょうし、今後、ロシア政府が再び「ウクライナ政府」という言葉を使い始めたら交渉へのシグナルかもしれない、と推測することもできそうです。

北方領土のロシア軍については、現地で発行されている新聞も頼りになります。実は北方領土では、国後島と択捉島でそれぞれ独自の新聞が発行されているんですね。また、ロシア側では、北方領土はサハリン州の一部ということになっていますから、サハリン州の新聞もOSINTの有力な材料になります。多くは他愛のない情報で占められていますが、例えば択捉島の中心地から空軍基地のある街への道路建設が始まったとか、それが汚職で停滞しているとか、意外と生々しい事情にも触れられることが少なからずあります。

かつてはこういう地方紙を購読するのも一苦労で、特に北方領土の新聞なんかは新聞社と特別の契約を結んでFAXで送ってもらったりしていました。しかし、現在はインターネットやメッセンジャーアプリの「テレグラム」で簡単に読めるようになっています。

「面積読み」で相場感を摑む

これらのメディアで書かれていることや言われていること、つまり「中身」が重要であることは言うまでもありません。しかし、長らく中国の人民解放軍を研究していた平松茂雄《ひらまつしげお》先生の本を読んでいたら意外なことが書いてありました。**新聞を「面積」**

で読むというのです。中国の『人民日報』を毎日読んで、ある問題についての記事の面積（今なら字数をカウントすることになるでしょう）がいつも通りか、縮小されたかの差分をずっと取っていく。すると、中国という国にとってのその問題の重要性がどう変化したかがわかる――この「面積読み」は対象国の言語にそんなに通じていなくても使えるので、読者の皆さんにも大いに参考になるのではないでしょうか。

さらに重要なことは、「面積読み」を何のために行なうのか、という点です。平松先生に言わせれば、それは分析対象（この場合は中国）にとって**今何が関心事で、どの問題の重要度が上がっているのか／下がっているのかを把握するため**である。私たちが重視していることが、彼らからも同じ程度に重視されているかどうかはわからないのだから、というのです。ロシアを観察している私も同感です。日本人はロシアというとまず北方領土のことが気になるわけですが、当のロシアではほとんど話題に上りません。外交上の関心は旧ソ連諸国や欧州、米国に向かっており、最近だと中国の存在感が増してきました。日本との領土問題は認識されていないわけではないものの、そう大きなトピックではないのです。

それどころか、世の中はもっとずっと身も蓋《ふた》もなくできています。ロシアのウクライナ侵略が長期化して2年目を迎えようかという頃、当のロシア人たちは一人の女性の話題で持ちきりになっていました。テレビ司会者、女優、インスタグラマー等々として活躍していたアナスタシヤ・イウレーエワという女性がセレブ仲間を集めてパーティーを開いたのですが、その参加者の多くが下着姿だったり、ほとんど裸だったりという出で立ちだったのです。戦場で兵士たちが命を落としているときに何事か！と怒る人もいれば、何となく同性愛っぽい雰囲気があることに憤る人も少なくありませんでした。ロシアでは性的少数者への風当たりが伝統的に非常に強く、プーチン政権下ではますますその傾向が強まっています。とにかく、世界の眼がロシアの侵略戦争に集中し、戦況の行方が日々報じられている中で、当のロシア人はちょっとズレた方向に好奇の視線を注いでいたわけです。

これ自体はどこの国にもあるゴシップですが、こういう現地の空気感みたいなものを摑んでおかないと、「ロシア人は戦争に疲れ果ててプーチンに停戦を求めているに違いない」というような（こちらに都合の良い）思い込みをしてしまうことになりかねません。

公刊資料の限界――unknown unknownの罠

とはいえ、なんでも公刊資料でわかるはずはありません。情報は完全に隠しきれるわけではない、ということを先に述べましたが、逆に言うと**隠しきれる情報もやはりある**ということです。軍事情報とか企業秘密に関するものは、むしろそっちの方が多数だと考えておくべきでしょう。

先ほどキューブリックの『博士の異常な愛情』の1シーンを引用しました。世界破滅マシーンがもし本当に存在するなら、公表しないと意味がないじゃないかとストレンジラブ博士が詰め寄るシーンです。理屈で考えればたしかにそのとおりで、ここから「世界破滅マシーンなんて存在しないんじゃないか」という分析を導き出せそうな気もしてきます。しかし、ストレンジラブ博士に問い詰められたソ連大使はこう言うのです。「次の党大会で発表するはずだったんだ……」。そして大使が言うとおり、世界破滅マシーンは実際に存在していて、物語の終盤ではこれが発動して世界は本当に滅んでしまいます。

このように、OSINTの材料である公刊資料は、分析対象自身に主導権を握られているという致命的な弱点を抱えています。だから、**OSINTで把握できている情報は**

あくまでも全体のごく一部であると思っておかねばなりません。英語には「known unknown」と「**unknown unknown**」という言い方があります。前者が「何か未知のことが存在しているが、それが存在していること自体はわかっている」状態であるのに対し、後者は「**こちらが存在にさえ気づいていない未知の何かが存在している**」**可能性**を指します。この、「unknown unknown」があるかもしれないということを意識の片隅に常に置きながら、欠けているピースをどうやって補うのかを考えるのです。

先ほどから述べている衛星画像はその一つの方法となり得るものです。私が主に見ているのはカムチャッカ半島から北方領土、あるいはサハリンやウラジオストクなどの日本周辺地域です。衛星画像データベースにアラートを設定しておいて、それらの地域で画像が更新されると見にいくという方式です。さらに最近では人工衛星で受信した電波情報（例えばＧＰＳ妨害電波がどこから出ているかなど）もお金を出せば買えるようになっていますから、限定的なSIGINTだってやろうと思えばやれるのです。こうして宇宙からロシアの軍事施設を見ていくと、「これが見たい」と思ったものだけではなくて「こんなものがあったのか」ということに気づくことが少なくありません。だからOSINTは決して絶対のものではないことを常に念頭に置いて、**可能な限り他の情報源とも組み合わせる**ことが求められるのです。

図9　そのOSINT（公開情報）には「unknown unknown」があるかもしれない

世界破滅マシーンは情報公表されなかったが、
世界破滅マシーンは存在していた

『博士の異常な愛情』（スタンリー・キューブリック監督、1964）　Album/アフロ

断片的な情報を使う――重要なのは体系化

OSINTを補う手法としては、現代ではSNS情報も欠かせません。ウクライナでの戦争が始まる前、TikTokやTwitter（現・X）には、シベリア鉄道の沿線住民が投稿した映像や写真が多数アップロードされていました。戦車などの軍用車両が載った軍用列車が自分の街の駅に停車していると、珍しがった住民たちが動画や写真を撮って共有したのです。

兵士たちの動員情報も同様に把握できました。これからウクライナに送られる兵士たちと恋人が別れを惜しむシーンなどがSNSにはアップロードされていたからです。軍人やその家族はSNSに使用制限がかけられている場合が多いのですが、まだ正式に結婚していない恋人にまでは制限がありませんから、こういう情報が漏れてしまうわけです。前述した「人情として隠しておきにくい情報」の現代バージョンということになるでしょう。

以上はほんの一例ですし、戦時でなくても有益です。例えばロシアのSNSには、同時期に同じ部隊で勤務していた人同士が交流するコミュニティページというのがあったりします。最新の情報とか細かい正確な情報が載っているとは限りませんが、普段は目にすることができない軍事施設内部の様子とか軍人たちの生活ぶりなどが窺える投稿もあり、時々見ておくと有益だったりします。

ＳＮＳ情報には、公刊資料とはちょっと性質が異なる部分があります。最大の問題は、とにかく脈絡がなく、断片的だということでしょう。公刊資料も大抵は断片的なのですが、ＳＮＳ情報はもっと細かい、局所的なものである場合が圧倒的に多い。**そこで重要になってくるのが体系化の技術です。**

シベリア鉄道で戦車が運ばれている様子がTwitter上に投稿されていた、というさっきの話に戻ります。これだけだと何が何だかわからないのですが、同じような投稿をＷｅｂクリップツールでタグ付け保存していくとどうでしょうか。「シベリア鉄道」「戦車」「ＳＮＳ」といった**キーワード**と**時間情報（年月日）**でタグ付けしておけば、ロシア軍によるウクライナ侵攻準備の状況がある程度時系列的に見えてきそうです。**位置情報（撮影地点）**がわかっているならそれもタグ化すべきですし、これを基にGoogle Earth上にプロットしていけば地理的な関係はいっそう摑みやすくなるでしょう。全部自分でやるのは大変ですが、分野によってはこういう情報が体系化されて売り物になっていたりしますから、ぜひ探してみてください。

「オタク的知」の力――ネットワークの力で「沼の主」を召喚する

これも有効です。例えば先ほど述べたシベリア鉄道の映像を軍事に全く関心のない人が見せられても、「なんだか軍用車両がいっぱい載ってるな」という程度のことしかわからないでしょう。私は商売柄、「T－80戦車が31両か、丸ごと1個戦車大隊だな」なんていう読み解きができますが、もっとすごい人もいます。「これはT－80の改良型T－80BVMだ。極東でこの戦車を持っているのは太平洋艦隊の第155海軍歩兵旅団の戦車大隊だけだったはず」なんていうことまで瞬時にわかってしまう。戦争が始まってからは「このT－80BVMについている光学照準器は古いバージョンなので、精密機器の生産に支障をきたしているのではないか」といった分析を披露している人もいて度肝を抜かれました。

自衛隊の人ならいざ知らず、こういう知識は普通の社会では趣味の領域に属します。また、こういう趣味的知識（オタク的知）は、世の中で関心のある「戦争が始まるのかどうか」とか「いつ終わるんだ」といったマクロな関心には合致しません。解像度が異様に高すぎる一方、視野はあまりに狭いからです。ところが**バックグラウンド情報やコア情報に通じた分析者の思考過程にオタク的知がうまく結合すると、マクロな**

相乗効果を生み出すことがあります。

民間インテリジェンス団体として知られるようになったベリングキャットは、その成功事例と言えるでしょう。紛争現場から流れてくるごく断片的な映像やたった一枚の写真などを使って、それがどこで撮影されたのか、写っているのは何なのか、それが何を意味するのかを暴くという手法で彼らは国際的に有名になりました。

創始者であるエリオット・ヒギンズによれば、彼の活動は当初、まさに「趣味」だったといいます。別に安全保障の専門家でもなければ軍人でもない。ただ、2011年に始まったリビア紛争でどの勢力がどの町を占領したのかを明らかにしてみようと思い、断片的なSNS画像とGoogle Earthの衛星画像を組み合わせて、キッチンのテーブルで「一人OSINT」をやっていただけだというのです。こうした彼の手法は、現在では**地理空間情報インテリジェンス（GEOINT《ジオイント》）**と呼ばれています。

さらにヒギンズはシリア内戦でアサド政権が化学兵器を民間人に対して使用していたことや、2014年にマレーシア航空機を撃墜して298人を死に至らしめた実行犯が親露派武装勢力であったことを明らかにしています。このあたりになるとヒギンズは分析を一人で行なうのではなく、弾薬についてものすごく詳しい専門家とか武器オタク、現地の言葉が読める人、他人が見つけてきたSNS画像などを活用し、ネッ

図10 オタク的趣味やネットワークも情報分析のインパクトに

Hollandse-Hoogte/アフロ

ウクライナ東部紛争中の2014年に起きた
マレーシア航空17便撃墜事件の調査結果について記者会見する
「ベリングキャット」のエリオット・ヒギンズ(写真中央)。
公開情報から、親ロシア派が地対空ミサイルを
旅客機に誤射したことを解明した

トワーク上のバーチャルOSINT組織みたいなものを作り上げていました。

オタクはそれぞれの「沼」を持っています。その「沼」の奥深くに沈んでいる知識はものすごく局所的で、そのままでは役に立てにくいのだけれども、沼の主に上がってきてもらって大きな思考地図の中に位置づけると、思わぬインパクトを持ったりする。ここで重要なのは全部の「沼」に自分で潜ろうとするのではなく、**必要なときにその主を召喚してこられるネットワークを作ること**こそが情報分析には求められるということです。ベリングキャットの成功は、まさにそういうネットワークのあり方を示すものと言えるでしょう。

「書く」ことこそが最強の情報収集術である
――情報収集・分析・資料化のスパイラル

以上、情報収集のあり方について私なりに思い浮かぶことを述べてきました。では、それをどうやって実践していくか。**「書く」より優れた方法はない**というのが私の考えです。つまり情報資料作りです。

それは情報収集と分析が終わってからじゃないの？と思われるかもしれませんが、

実は情報の収集と分析、資料作りというのは完全に分けることができません。

　ここで第2章の「頭の中身を可視化する」という節を思い起こしてみてください。文章を書くという行為は、「何となくわかっていること」を論理構造の中に落とし込んで第三者の目線で再検討できるようにすることだ、とここでは指摘しました。その結果、論理の繋がっていないところや不足している情報がわかるはずだ、と。

　つまり、**文章を書くことによって収集すべき情報が見えてくる**のです。私は今、ここまでわかっている。でも論理構造を繋げるためにはここがすっぽり抜けている。ではこのキーワードで検索をかけてみよう。あの資料を読んでみよう。こんなデータベースは存在しないだろうか。あの人なら知ってるんじゃないか……普段の情報収集というのは広く網をかけておくようなものであるのに対して、文章を書くことで炙《あぶ》り出されるのはスポットです。わかっていないということに落ち込む必要はなくて、むしろ情報収集の方向性が明らかになったと考えればいいわけです。

　そうして情報を集めたら、文章に反映する。それを見て分析をさらに一歩進める。するとまた足りないところが見えてくる。**情報の収集・分析・資料化というのは、こうしてスパイラル状に進んでいくのです。**

　また、**文章を書くということは、体系化にも繋がります。**Ｗｅｂクリップツールで

図11　**情報の収集・分析・資料化は スパイラル状に進んでいく**

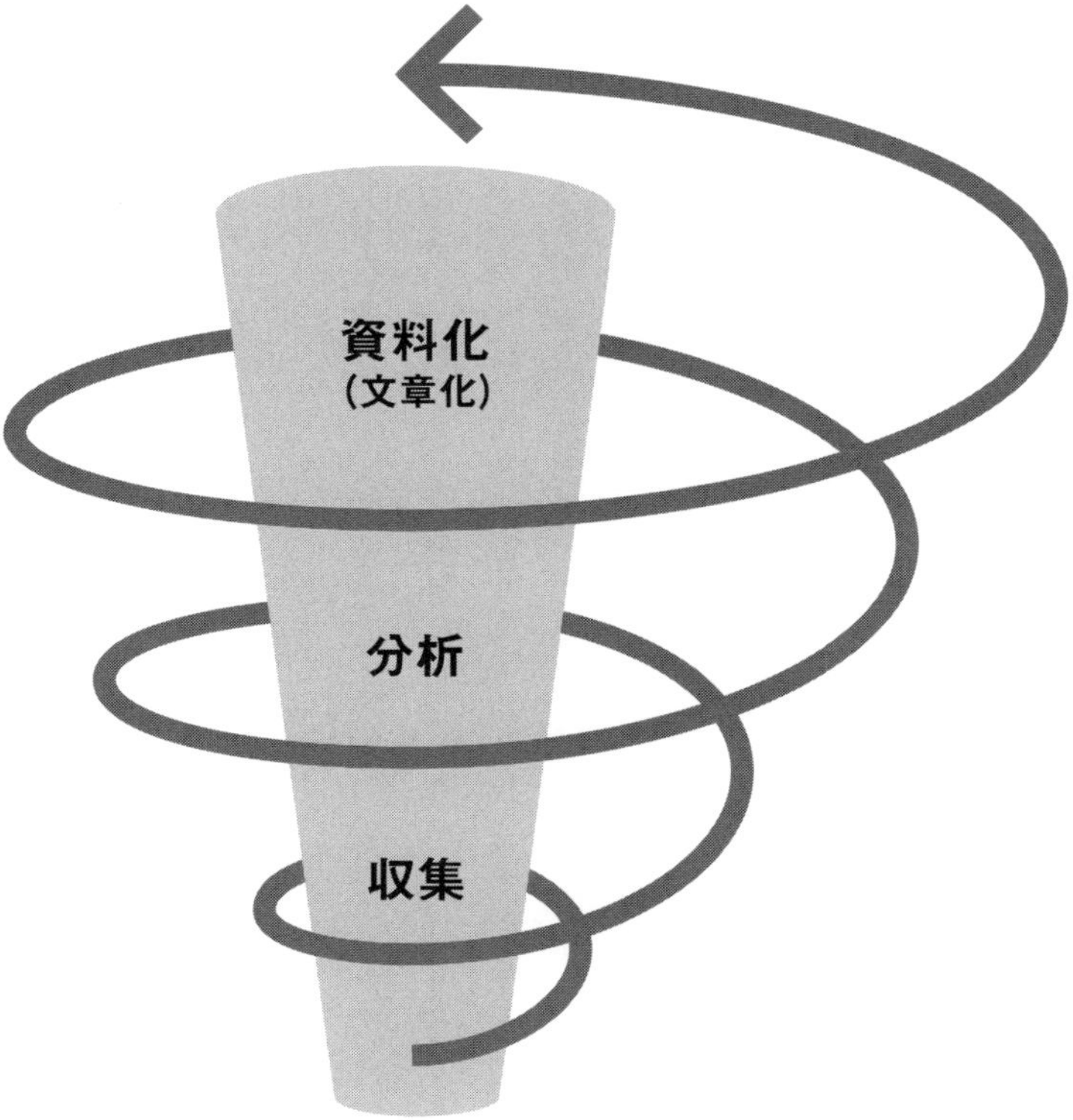

文章を書くことで、収集すべき情報がわかったり、
情報の体系化が進んだりする

のタグ付けは、あくまでも蓄積した情報の呼び出しを便利にする手段に過ぎません。これに対して自分でまとめた文章というのは、自分が関心を持っていることを文章という形でパッケージ化したものですから、いちいち呼び出さずとも必要な情報がみんな並んでいて一覧性があります。不要な情報や細かすぎる情報が排除されている、というのも優れたところです。

文章によって情報を体系化するためには、必ず出典が示されていないといけません。**文章の中で何かを言い切るときは、必ず出典をつけましょう。**そうでないと、「こんなこと書いてあったけど、これは何を根拠にしていたんだっけ?」とまた情報に当たり直さないといけなくなりますし、「根拠はあんまりないけどこう言っちゃえ」と恣意が入り込む余地が生まれてしまいます。これでは情報需要者からの信頼は得られないでしょう(ただし、国家の情報機関が作る情報資料は情報源秘匿のために出典をつけないのが一般的とされます)。

自分の文章が情報需要者からどう見えているのか。この点を常に念頭に置いて、自分の文章をシビアに眺めながら情報を体系化していきましょう。

column

情報のチャンネルを作るには

　自分の分析対象についてどこから情報を集めればいいかもわからない。情報分析を始めた当初はそんなものでしょう。実際、私もそうでした。

　しかし、そう難しく考えることはありません。まず日本の新聞を読んでみましょう。日本のメディアは世界的に見てもかなりの情報収集力を持っていますから、その紙面を毎日読んでいけば、世の中で起きていることは大体カバーされています。深く突っ込んだ知識までは得られないかもしれないけれども、それを得るためのとっかかりにはなります。

　例えば新聞にはよく、有識者のインタビューが載っていますね。この人は相当詳しそうだ、とか、なかなか面白いことを言っていると思ったら、その人の著作を読んでみたらどうでしょうか。そこに載っている参考文献まで手を広げていけば、バックグラウンド情報やコア情報へのチャンネルが開いたことになります。そうして外国語の専門書を取り寄せるとカタログを送ってもらえるようになったりもするので、これもまた読むべき資料の目安になります。

また、新聞にはよく「政治家がこういうことを言った」とか、「こういうことが研究機関の調査でわかった」という記事も載ります。その内容が興味深いと思ったら、必ず出典となる発言の全体や調査レポートを探して読んでみましょう。新聞に載っているのは切り取られたごく一部に過ぎないかもしれないから、というのが理由の第一です。しかし、第二の理由として、出典に当たるということはそれ自体が情報チャンネルの開拓でもあるのです。こうして出典に当たれば、この国の首脳の発言はこのサイトに全文が載るのだとか、こんな研究機関があってこれまでにも役立つレポートをたくさん出していた、ということがわかってきます。

以上は一例に過ぎません。重要なのは、誰でも見られるものだからとメディア報道を馬鹿にせず、最大限活用する姿勢です。誰でも見られるようなものさえ見ていないのでは、突っ込んだ分析などできるわけがないのです。間口は広くとって、そこから深く潜っていくための突破口を探しましょう。

第4章

集めた情報を分析する

——「位置」を描き、具体論で語る

「ペンタゴン地下施設」の教訓――情報処理装置の重要性

情報をただ集めるだけではダメで、情報処理装置が必要だということは本書の中で繰り返し（若干しつこく）述べてきました。というのは、これなしに情報だけ集めてきても、なかなか有用な分析結果、つまり情報資料が作れないからです。

有名なお話を一つの例として紹介したいと思います。アメリカの国防総省はペンタゴンと呼ばれています。上から見ると五角形をしているからですが、その中庭にも建物があるんです。

冷戦時代にソ連は、このペンタゴンを軍事衛星で撮影して監視していたんですが、どうもこの中庭の建物が気になる。たくさんの人間が出入りしていて怪しいというわけです。ソ連軍の結論は、おそらく国防総省の高官たちが会議を開く地下重要施設なのではないかということでした。

ところが冷戦が終わってからソ連軍の代表団がアメリカのペンタゴンに行ってみてわかったのは、これは国防総省の職員たちが昼飯を買いに行く場所だったんですね。ホットドッグ屋とかハンバーガー屋とかが入っていて、昼休みになるとめいめいがそこに食べ物を買いに行っていた。このエピソードは国防総省のホームページにも載っ

図12　ペンタゴン地下施設の教訓

地図データ©2024 Google　画像©2024 Airbus. Maxar Technologies

ペンタゴン中庭の「ある建物」。ソ連の分析官は「高官たちが会議を開く地下重要施設」と結論づけたが、その正体はホットドッグスタンドだった。現在は土産物店が入っている

ていて、見学ツアーの定番コースにもなっているそうです。(注)
ソ連軍はなぜこんな勘違いをしたのでしょうか。ロシア国防省で勤務していた人の話によると、彼らの生活パターンは全然違うのです。食事の時間は厳密に決まっていて、時間になったら自分たちの部屋に鍵をかけてスタローヴァヤ（食堂）に行き、大急ぎでボルシチか何かをかきこんでまた戻ってくるという話でした。現在ではロシアの政府機関職員もネットで注文したデリバリーフードを食べていて、流出した顧客リストから連邦保安庁の組織構成がバレてしまったという事件もありましたが、ソ連時代にはもちろんそんなものはありません。だから、ソ連軍人たちからすると、昼休みになったらみんなプラプラ出てきて、それぞれ好きなものを買ってきて食べるというアメリカ人の習慣は全く想像外だったわけですね。
情報処理装置の重要性とは、つまりこういうことです。何百億円もする軍事衛星を、さらにまたそれを何百億円もするロケットで打ち上げて、ソ連で最も優秀な分析官たちが分析しても、相手がどういう行動様式をとっているのかがわからないと、とてつもなくとんちんかんな結論が出てきてしまうのです。逆にアメリカの分析官だって、ロシアのスタローヴァヤ文化がわかっていないと見当外れな「分析」をしてしまうでしょう。

先行研究でバックグラウンド情報を蓄積する

こうした勘違いを避け、有用な情報資料を作成するための情報処理装置を自分の中に作り上げるにはどうしたらいいでしょうか。現代だとＡＩを活用して分析させる、ということがまず頭に思い浮かぶかもしれません。しかし、**ＡＩに分析を行なわせるためにはまず、分析のやり方が自分でわかっている必要があります。**分析対象が専門的なものであればあるほどそうでしょう。だからまずは自分がＡＩの先生（教師データ）になれるくらいまで情報分析に習熟しておく必要があります。

そのヒントは、第2章で既に紹介しました。バックグラウンド情報、コア情報、コア情報を補完する足で稼ぐ情報の3つをしっかり蓄積しておくということです。したがって、情報（インフォメーション）と情報分析装置は完全に別のものではありません。**情報を集める過程が情報処理装置作りでもあるのです。**

ただ、その情報収集のやり方はそれぞれで少しずつ異なります。ここでは、それらについてもう少し具体的なことを述べておきましょう。

まずは**バックグラウンド情報の集め方**について。ロシアの専門家になろうとするならロシアに関する日本語で書かれた本はみんな読め、と外務省で言われたことは、前述のとおりです。ここで私がちょっと意外に思ったのは、「日本語で書かれた本は」という部分でした。

こう言ってはなんですが、私は語学があんまり得意ではなく、英語やロシア語で資料を読むのにすごく時間がかかります。私が大学院でうまくいかなかった理由の一つがそれで、自分の研究テーマに関する過去の著作や論文（これを先行研究と言います）が全然読めてないじゃないか、と指導教員から叱責されました。情報分析の対象が専門的であればあるほど、日本語だけではどうしても資料が不足しますから、外国語の読解能力が重要になってくるのです。

これに対して外務省員というのは、英語はもちろん、他にも幾つかの外国語がペラペラ、という人たちです。だから、過去の先行研究だって英語やその他の言語でバリバリ読んでいるんだろう、と漠然と思っていました。

ところが私にアドバイスしてくれた外務省員は、まず日本語で書かれたものを読めというわけです。なぜかというと「その方が速いし頭に入るじゃん」と言う。そうなのです。**母国語で書かれたものが一番速く読めるし頭に入るに決まっているのです。**

しかも、幸いにして日本は翻訳大国です。ある分野の専門書全部が翻訳されることはまずありませんが（実際、ロシア軍事に関する重要文献の9割以上は未翻訳でしょう）、そのテーマで分析を試みる人なら誰もが読んでおくべき古典的名著、みたいなものはほぼ翻訳があります。また、日本にだって各分野の優れた研究者はたくさんいるわけですから、こういう人たちの書いた本や論文も参照することができます。特に日本自身に関する問題については、日本語文献こそが世界最高峰、ということもありえるでしょう。

バックグラウンド情報に基づく情報処理装置作りのためには、こういう本をまず重点的に読んでいくべきです。私の場合で言えば、ロシア政治に関するもの、ロシア外交に関するもの、経済やエネルギーに関するものなどがそれにあたります。

バックグラウンド情報の意義――分析対象の「位置」を描く

ところでバックグラウンド情報はなぜ必要なのでしょうか。ロシア軍事の話をするなら軍隊や兵器の話だけしていればいいじゃないか、と思う人もいるかもしれません。実際、分析の解像度によってはそれで十分ということもあります。

しかし、外交や安全保障というレベルの分析に必要な解像度を確保するためには、バックグラウンド情報は不可欠です。我が国に引きつけて考えてみましょう。自衛隊が合憲かどうかという論争は長らく存在してきました。そうであるがゆえに、日本の軍事力を軍事的合理性だけで理解することはできません。自衛隊がどれだけの能力を持つのか、どこまでやるのか、防衛費をどれくらい出すのかなどを決めてきたのは、軍事の論理ではなく政治の論理であり、これに対する国民の態度でした。どの国を脅威と考えるのか、どの国と安全保障上の関係を結ぶのかといった問題も同様です。にもかかわらず、自衛隊のことだけをやたら詳しく調べてあっても、目的に対して解像度が合っていないということになってしまいます。

私の専門分野であるロシアについても、同じような構図が当てはまります。日本と違い、ロシアは自国の軍事力になんらかの制限を課すということをしていませんが、だからと言って軍事的合理性だけで安全保障を考えているわけでは決してありません。巨大な軍隊を持つということに対する政権や国民の支持、軍隊を養うための財政能力とその見通し、理想とする国際秩序のあり方に照らしたアメリカや中国との関係などが軍事力に大きな影を落とします。まさにバックグラウンド情報です。**こうした幅広い構図を踏まえた上でロシア軍事の話をすることで、その位置付けが明らかになってくるわけです。**ロシアに関する本はみんな読め、というアドバイスは、今にして思え

図13 「バックグラウンド情報」取り方のポイント

1. 分析対象について書かれた母国語の書籍を読む
→速さ、理解しやすさを優先

2. 情報分析対象を「広い構図」で捉える
→政治・経済・歴史などで分析対象の背景を広く理解する

**3. 分析対象が「今の姿」に
どのように辿り着いたかを知る**
→例えばロシアなら、
現在から40年前（冷戦終結の少し前）まで遡る

ばこういうことだったのでしょう。

バックグラウンド情報のもう一つの意義は、**分析対象がどうやって今の姿に辿り着いたのかを知ることができる**、という点にあります。ロシアとアメリカの関係は今ものすごく悪いわけですが、では10年前はどうだったか？　そのさらに10年前は？　現状がなぜ、どのようにして現在に至っているのかがわかっているのといないのとでは、分析の質が全く変わってくることは容易に理解できるでしょう。逆に、こうした経緯を把握しておくことで「現状の米露関係は冷戦終結後最悪である」とか、「かつてもこんなことがあったが、その時はこうやって手打ちにした」といったことが言えるようになります。

では、過去の経緯はどこまで遡るべきか。専門分析員時代に言われたのは、「その国の30年前のことまでわかっていれば役所では立派に専門家だよ」ということでした。ただ、30年という基準は絶対ではありません。当時は冷戦終結から25年ちょっとという時期でしたから、その時点での国際政治や諸外国の在り方を把握するのに30年前まで遡るというのはちょうどいい基準でした。とすると、現在なら「40年前まで」ということになるでしょうし、分析対象によってはそれが10年前だったり50年前だったりするはずです。

つまり、**「今我々が生きている世界というのはいつから始まったのか」**を意識すると、バックグラウンド情報をどこまで遡るのかを判断する一つの基準になると思うのです。その上で、分析対象との付き合いが長くなりそうなら、その前の時代、さらにその前の時代と遡っていけばいいでしょう。

私がお勧めしているのは、**論文1本、あるいは研究書の1章分をノルマとして毎日読んでいくこと**です。これは知り合いの先生に聞いた方法で私も実践しているのですが、このペースを守れると1年経つ頃にはある分野について相当の知見が溜まります(あるいは後述するコア情報の分析手法をかなり手に入れられます)。すぐには役に立たないかもしれませんが、あるとき「この話はこういうふうに位置づけられるのだな」と、現在の分析対象が過去のバックグラウンド情報と結びつく瞬間が必ず訪れます。

「生」情報の読み方を鍛える――コア情報の処理装置を持つ

以上と並行して、**コア情報に関する情報処理装置作り**も進めていきます。その基本的なやり方は、バックグラウンド情報とある程度まで共通です。つまり、先行研究を芋蔓《いもづる》式に当たっていくということですね。ただ、こちらはまさに分析の本丸ですから、もっと徹底的にやる必要があります。

きちんとした研究書や論文には、出典を示す註とか参考資料リストが必ずついています。日本語で主だった本や論文を読めてきたら、今度はそれらの**文献が参照している資料を読んでいきましょう**。これはその道の専門家たちと同じ材料でものを考えるということ、一流の専門家たちと同じ舞台に立つということです。

そして、この段階になるとわかるのですが、**専門家というのは生情報に触りながら分析をやっています**。本書でいうコア情報であり、第3章で紹介した公刊資料とかSNS情報とか、あるいは衛星画像などがこれに相当します。分析対象によっては、これが公文書館に保存されている外交文書だったり、テック企業が収集したビッグデータなどになるということもあるでしょう。

これらが何故「生」情報かというと、**読み方がこちらに委ねられているから**です。衛星画像なんかはまさにそうですね。何しろ、宇宙から撮った写真であるとか、レーダー電波の反射状況（合成開口レーダー［SAR］画像）とかが出てくるだけで、それをどう読むかはこちら次第です。ビッグデータとかもそうで、「はじめに」の譬《たと》えを用いると、料理になる前の食材の段階です。だから、生情報の調理法（読み方）は、まさに分析者の腕の見せ所です。

問題は、その**「読み方」をどう鍛えるか**ですが、専門家からきちんとしたトレーニングを受けられる場合はぜひそうすべきです。初歩的な誤りや恣意を可能な限り排除するためにはそれが一番早い。大学では実験データとか史料の読み方を習いますが、これと同じことです。専門家から直接指導を受けられない場合でも、**専門家が書いた非常に専門的な論文を読むことで、「なるほど、このデータはこんなふうに解釈すればいいのか」とか「こういうツールを使えばいいんだな」という知見を得られる場合もあります。**

タグ付けで「読み方」の検索性を上げる

こうして見つけた「読み方」の参考資料（情報処理装置を直接構成する部品）は資料リストを作っておき、「この問題についてはまずこれとこれを読めばいい」とすぐわかるようにしておきましょう。いわゆる文献リストです。

Ｗｅｂ上の資料も同じです。インターネットには情報そのものを伝えることに重点を置いた資料（典型は新聞記事）もありますが、そうではなくて、分析や解釈に重点を置いた資料も結構転がっています。研究機関のWebサイトに掲載された論考やコメンタリー、学会や大学の紀要論文、専門家のインタビュー記事といったものです。これらも情報の「読み方」の参考となるものですから、**情報そのものとは区別できる形でタグ付けをしておくと情報分析の強力な武器になります。**

２０２４年のアメリカ大統領選についてはインターネット上に膨大な資料が溢れていますね。このうち、純粋な情報（誰が何と発言した、など）は第3章で述べた方法でタグ付けしていきます。つまり、キーワードと時間情報、地理情報などです。

他方、**「読み方」の参考になりそうだと思った資料については、「考察」とか「分析」といったタグを追加しておきましょう。**そして、２０２４年の大統領選について集めた資料のうち、各国の政府や専門家の見方だけを抜き出したいと思ったら、検索クエリにこのタグを含めるのです。こうして出てきた資料にざっと目を通せば、ある時点で何が起こっていたのか（情報）だけでなく、それについて専門家たちがどんな分析を行なっていたかが一覧化できるようになります。これはビジネスパーソンが経営判断のための資料を作るとか、学生がレポートを書くときの手法としてもそのまま応用可能だと思います。

図14 「コア情報」情報処理装置作りのコツ

1. 文献が参照している資料を芋蔓式に読む
2. 専門家の論文からデータ解釈の知見を得る
3. 体系化する
   (タグ付けなど)
4. 人に聞く
   (分析方法、オタク的に詳しい分野など)
5. 経験値を貯める
   (足で稼ぐ、定点観測など)

もっとも、一覧化するにはまず「読み方」に関する資料をインターネット上で絶えず大量に集め、タグ付けしてWebクリップツールに保存していくという日々の営みが必要になります。ちょっとした空き時間を活用するなどして、こうした資料の蓄積を図らねばなりません。

分析手法を教えてもらえないときにはどうするか

しかし、非常に専門的な分析を行なおうとする場合には、専門家が身近にいないとか、分析手法自体が機密扱いされているという場合が少なくありません。

私の場合は衛星画像がまさにそうでした。前述のように、まずは北方領土駐留の観測から始めたのですが、何しろ宇宙から撮った写真ですから、そんなにはっきりしたものではない。これは戦車かな?と思うものの確信が持てなかったり、そもそも何であるのかさえよくわからない、ということがほとんどでした。

そこで私がやったのは、とにかく**人に聞いてみる**ことです。航空自衛隊で偵察機の写真判別をしていたという人に話を聞いてみたり、特定の兵器にものすごく詳しいオタクを捕まえて衛星写真を見せてみたり、外国のインテリジェンス機関を取材したことがあるジャーナリストに何か知らないか問い合わせてみたり。出てくるのは大抵、非常におぼろげな情報なのですが、中には非常に有益なアドバイスもありました。

例えば影です。上から見ただけではよくわからないものでも、影を見れば「砲身の影が長く伸びているから戦車だろう」と推測がつくことがあります。さらに幾つかのタイプの戦車の模型を作って、同じような長さで影が伸びる角度に照明を当てると、戦車のタイプが判別できる場合もあります。自分が行ったことのある軍事博物館ならどこに何が展示してあるのかがわかりますから、「このタイプの戦車はこんな影ができるんだな」と推測する方法があることも知りました（ここからは「足で稼ぐ」ことの重要性がわかると思いますが、後でさらに詳しく説明します）。

とにかく**経験値を貯める**、ということも重要です。私はもう15年くらい北方領土の軍事基地を観察していますが、こうやって観察を続けていると、択捉島や国後島の駐屯地や飛行場は地元の街くらい隅々までわかってきます。そうすると、「ここには大抵こういう装備が置いてある」とか「この建物はあの部隊が使っている」とか「普段いないものがいる」ということに自然と気づけるようになるのです。

カムチャッカ半島の原潜基地分析でも経験値は物を言いました。潜水艦というのは大抵、同じような形をしていますから、上から眺めただけではあまり判別がつきません。そこで最初はWikipediaなんかに載っている寸法と衛星画像に写っている潜水艦の寸法を比べて判別していましたが、実は潜水艦の詳しい寸法というのはきちんと公開されていないのですね。同じ潜水艦でも、Wikipediaのロシア語版と英語版と日本語版で全く違う数値が載っていたりします。まして、あるタイプの潜水艦とその改良型、なんていうことになるとまるで信頼のおける情報がない。

そのうちに、潜水艦の乗組員が緊急時に使うレスキューハッチの間隔がタイプによってかなり異なるということに気づきました。しかもハッチの周りは白く塗装されているので、多少霧がかかっていたりしてもはっきり写っている場合が多い。ここに着目することでどのタイプの潜水艦がいつの時点で何隻停泊しているのかをかなり正確に把握できるようになりました。その結果、ロシア太平洋艦隊がどのくらいの間隔・期間で原子力潜水艦をパトロールに出しているのかということまで推測可能になったのです。

最後に、**分析ツールにはなるべく習熟しましょう。**衛星画像も、光学衛星（要するにカメラで地上を撮影する映像）は人間の目で判別ができますが、合成開口レーダー（SAR）衛星だとそうはいきません。衛星が発信する電波の反射を捉えたものなので、専門のソフトを使って、輝度を上げたり下げたり、ゲインの幅を調整しないとよく見えない。結局、こういうことを倦《う》まずに続けていくしかないのです。人の話をよく聞く、経験値を貯める、ツールの使い方を練習する。情報分析は、こんな地味な作業の積み重ねです。

他方、技術の進歩は非常に速い。これまでは職人芸でしか読み解けなかったＳＡＲ画像が、最新のＳＡＲ衛星ではまるで写真を判別するようにくっきり見えたりもします。腕を磨くだけでなく、その業界の最新トレンドにも常に感度を保っていないと、「凄いけど、その技術要ります？」というガラパゴス分析者になってしまいます。

公刊情報はあくまでも「食材」

衛星画像みたいなデータはそうだとしても、公刊資料は「生」じゃないんじゃないの？という疑問も聞こえてきそうです。たしかにロシア軍の機関紙や部内誌に載っている記事というのは、それ単体ではきちんと読める文章の体裁になっていますから、あまり生情報という感じはしません。

しかし、大学で史学をやった人なんかはわかると思いますが、これはやはり生情報なのです。何故かと言えば、**公刊情報に書いてあるのはあくまでも「向こうの言い**

分」に過ぎないからです。そこから読み取れるのは分析対象の公的な言い分であったり、ここまでなら言ってもいいだろうという選別された情報、あるいは外部に対してこう思ってほしいという全くの嘘（や誇張・歪曲された事実）です。

だから、**公刊資料はあくまでも生情報として扱わねばなりません。**第6章で改めて注意喚起しますが、「生情報（一次資料とも言います）にこう書いてあるじゃないか」というのは、「生情報にそう書いてある」という以上の意味は持ちません。そこから何を読み取るのかが抜けていると、それは情報資料（インテリジェンス）ではなく、ただの「情報（インフォメーション）紹介」になってしまいます。

したがって、公刊資料の扱いも、その他の生データと同じである必要があります。すなわち、その道の専門家や実務者たちが今、この瞬間に何を考えて、どんな分析を行なっているのかについてアンテナを張って、教えてもらえることは徹底的に教えてもらうのです。言い換えると、**コア情報についての先行研究は具体的な情報を得るためではなく（これは生情報として自分で取ります）、分析に関する考え方を拝借するために読む**ものだということです。

自分一人の力で作れる情報処理装置には所詮、限界があります。そう割り切って、他の人からも情報処理装置をどんどん拝借しましょう。

しかも、彼らは自分の同僚、ないしはライバルです。彼らの動向に後《おく》れをとっては、周回遅れの議論しかできません。専門ジャーナルや新刊情報には目を配って、「あの人がこんな論文を書いたらしいな。彼は前にも鋭い分析を披露していたから早速読んでみよう」という具合に、自分も最先端の場に立ち続ける必要があります。専門家のウェビナーを聴いたり、学会に参加してみるのもいいですね。私の場合はここで外国語の壁が立ちはだかってくるわけですが、最近ではずいぶん楽になりました。ちょっとした論文やコメンタリーは機械翻訳で読めるようになりましたし（大事なところだけ原文で読む）、音声情報もＡＩ字幕を出すことで付いていきやすくなっています。何より、こうやって外国の知見に食いついていると、外国語への抵抗もだんだん薄れてくるものです。

また、こういうことを繰り返しているうちにだんだん人脈もできてきますから、最初はアクセスできなかった専門家から指南を受けられるようになったり、とんでもなく深い知識を持ったオタクと知り合えたり、「君が最近書いたアレ、分析の仕方がおかしいよ」とフィードバックをもらえたりと、自分の分析手法をさらに深めることができます。

優れた分析の鍵は「具体論を語れるかどうか」

　以上、バックグラウンド情報とコア情報の処理装置をどうやって自分の中に作り上げるのかを論じてきました。前者は分析の土台、そして後者は土台の上に築かれる分析者の「お店」のようなものです。どちらかが欠けても、「お客さん（情報需要者）」に評価される商品（情報資料）を提供することはできません。

　でも、これから情報分析に踏み出そうという人はまずコア情報から手をつけてもいいんじゃないか、とも思っています。まだ自分のお店を持てない若きシェフがキッチンカーで営業するようなものですね。土台はその傍で作っていって、資金が貯まったら立派なレストランを開業すればいいでしょう。

　というのも、生情報を扱うコア情報の処理装置を持たないと、結局は商品価値が乏しくなってしまうからです。学生のレポートなどを読んでいるとはっきりわかるのですが、**誰かの研究成果だけを参照したレポートというのは、どうも「フワッ」とした感じが拭えません。**例えば「ロシアは武器輸出大国だ」という一言をとっても、読んだ文献にそう書いてあっただけなのか、実際に自分で武器輸出の統計を読んでそう結論したのかでは、アウトプットに大きな差が出るのです。

「ロシアは武器輸出大国だ」という言明をもう少し考えてみましょう。人の本や論文に書いてあったことを引き写しただけの人は、それ以上のことが言えません。バックグラウンド情報として触れるだけならそれでもいいでしょうが、これが武器輸出に関するレポートだったらちょっと物足りないですね。

ところが自分で統計に当たってみると、「ロシアは武器輸出大国だ。過去10年間での主な輸出先はアジアであり、北アフリカ向け輸出も伸びている。ただ、最大顧客であったインドや中国向けの輸出は落ちている」と話の具体性がグッと増します。それに合わせてロシアの武器輸出監督当局や国営武器輸出公社のプレスリリース、関連報道などを丹念に読み込んでいれば、「ロシアが武器を売るときにはこういう条件をつける傾向がある」とか「ロシアの武器輸出業界のキーマンはこの人だ」とか「こういう理由でうまくいかなかった輸出案件があり、その対策としてこんなことが試みられているらしい」という話もできるでしょう。

要は、**一般論（ここまでバックグラウンド情報でカバーできる場合が多い）の後に、具体的な各論を語れるかどうかが情報分析の優劣を分ける**ということです。そのためにやはり生情報に触れる必要があります。

そして、情報分析をやっていて一番のめり込めるのが、この生情報の処理なんですね。まだ誰の手もつけられていない生情報を自分だけの方法で料理する。あるいは、自分が範とするあの分析と同じことをやってみる。情報分析というのはとにかく執念が大事ですから、興味を持ってのめり込めるというのは結構大事な要素なのです。

他方、これはバックグラウンド情報を疎《おろそ》かにしていいということでは決してありません。コア情報を分析して情報資料にするためには、やっぱりバックグラウンド情報が必要なのです。巨大な組織の中でコア情報だけを扱っていればいいというのでない限り、土台としてのバックグラウンド情報はたゆまず蓄積し続けましょう。目的に合わせて適切な解像度を提供できる分析者というのは、コア／バックグラウンド情報の双方に基づいた可変的な情報処理装置を頭の中に持っているものです。

ツッコミ力を持つ——グラウンド・トゥルースによる情報の補正

最後に、**自分の足で稼ぐ情報をどうやって分析に活かすか**について考えてみましょう。つまり、現地を見てくることの重要性です。

衛星情報の専門家たちはよく「**グラウンド・トゥルース（地上の真実）**」という言葉を使います。一般的なイメージでは、人工衛星で上から覗くことで真実がわかるという考え方をするのですが、衛星屋さんたちは逆に考える。**地上がどうなっているのかがまずわかっていて、それに基づいて衛星からの見え方を判断するのが一番いい**というわけです。ペンタゴンの「地下重要施設」の話を思い起こすとわかりやすいですね。

ウクライナには「戦略ロケット軍博物館」という施設があります。ソ連時代のICBM基地が1箇所だけ博物館として残されていて、実際にその基地で勤務していた元軍人たちが内部を案内してくれます。私も実際に行ってみたのですが、そうしてみると地下管制室への入り口がどんなところに隠れているのか、核兵器を扱う施設がどのくらい厳重に警備されているのかといったことがよくわかりました。こうした目で改めて衛星画像を見てみると、「この弾薬庫は最近、フェンスが三重に増やされたので核弾頭を保管するようになったのではないか」とか、「ロシアが新しいミサイル基地を建設しているようだが、多分これがミサイル発射管でこっちは地下管制室の入り口だろう」といった判別がつくようになります。グラウンド・トゥルースを知っていることの威力です。

もう一つの例を紹介しましょう。私は極東の大都市近郊にある墓地を継続的に衛星画像で観測しているのですが、こうしてみると幾つかの墓地が急速に拡大していることとがわかってきました。もしかしてこれはウクライナに送られて戦死した兵士たちの墓なのでは？　このように考えて最近、現地を取材したジャーナリストに話を聞いてみると、果たしてその場所にはロシア軍や民間軍事会社ワグネルの軍旗がたくさん立っていたそうです。ならば墓地の中のこの辺りの墓碑をカウントすることで、少なくともこのくらいの戦死者が出ているだろう、ということがわかってきます。

衛星画像に限らず、OSINTでもその他の情報分析でも同じようなことが言えるでしょう。分析対象の刊行物にこう書いてあった、というのは重要な情報ですが、それをこの目で見たのでない限り、鵜呑みにはできません。たとえば「快適な軍人住宅ができました」とロシア軍の機関紙に書いてあったとしても、ロシアという国のことを知っていると色々と疑問が浮かびます。「でもロシアの建物って安普請ですぐボロくなるよな」とか「実際には汚職で一部しか完成していないんじゃないか」「入居できたのは一部の高官だけじゃないか」とかそういうことです。これはロシアの街中を歩いてみたり、実際に生活してみると浮かんでくるツッコミ力のようなものです。衛星画像とか公刊情報など、分析対象をちょっと遠くから眺めるときに、現地が実際にどうなっているのかを想像する力、と言い換えてもいいでしょう。

図15 実際に足を運んだ「戦略ロケット軍博物館」

衛星画像を見るときも、「地上の真実（グラウンド・トゥルース）」を知っていると、細かな判別がつきやすくなる

もちろん、常にグラウンド・トゥルースが得られるわけではありません。その場合でも、二次的な情報で補える場合があります。先ほど挙げたロシア軍官舎の例で言えば、ロシアの住宅事情や汚職カルチャーについては研究がたくさんあります。ロシアで建設ビジネスに携わったことのあるビジネスマンの話を聞いてみてもいいですね。墓地の話なら、サハリンの現地紙に載った軍人墓地の写真をGEOINTの手法で特定して、「ここを見れば戦死者数が推定できるんだ」というふうに分析できるかもしれません。

こんなふうに、**手に入る限りの情報を総合して、「近くに行って見ることができないもの」に対する解像度を必要なレベルまで上げましょう。**ただ、これは単なる妄想とは違います。そうではなくて、ピクセル数や文字情報の限界で読み取りきれないことを、根拠を持って読み取れるようにするということです。

（102ページ注） https://www.defense.gov/Multimedia/Photos/igphoto/2001080694/

column

衛星画像分析という魔窟

第4章では衛星画像分析について色々な話をしました。読者の中には「自分でもやってみようかな」と思う人がいるでしょうが（そして是非チャレンジして欲しいのですが）、これがなかなか一筋縄にはいきません。使用契約を結ぶこと自体が難しいのです。その難しさは、衛星の分解能（解像度）に概ね比例します。

分解能の低い衛星画像であればそう難しくありません。誰でもアカウントを作って、無償で使えます。山火事の発生地点を衛星の赤外線センサーで捉えて地図上にプロットしてくれるなんていう便利なサービス（戦闘の発生地点を把握するのに有用です）もあって、これはＮＡＳＡのサイトに行くとアカウントさえ作らずに使えます。

問題は高分解能画像です。使い方を間違えるとうっかり国家機密を暴いてしまうこともあるので、どこの会社も提供には慎重になります。また、その基準ははっきりせず、基準を教えてもらえる場合にも表では言ってくれるなという態度を取るところも少なくありません。つい最近、私はある会社から衛星画像の提供を断られたのですが、これも理由は教えてもらえないままでした。どうも自動車や大根を売り買いするのとは全然違う基準で動いている業界らしいのですね。「魔窟《まくつ》」という言葉が浮かんできたりもします。

契約ができたとしても、色々と制約があります。まず、大抵の衛星画像サービスは撮った画像をその日のうちには見せてくれません。日々の軍事活動とか戦況がわかってしまうと大口顧客（例えば米軍）が困るので、私のような弱小ユーザーは数日あるいは数週間経たないと見せてもらえないのです。私が戦況の分析に衛星画像を使っていない（使えない）理由がこれです。他方、政府機関が契約を結ぶときは最初から「その日のうちに見せること」という条項を入れたりするようですが、これは何十億、何百億という金額で契約するから言えることでしょう。私なんかは宝くじの一等・前後賞が当たっても無理です。

さらに厄介なことに、「いつまでも見せてもらえない」というケースさえあります。例えばロシア軍が極東で軍事演習を始めると、衛星画像の更新はピタリと止まってしまいます。おそらく米軍や自衛隊から「この期間は画像を完全に買い上げるので、他のユーザーには公開しないでくれ」という要請が行くのでしょう。演習期間が終わるとまた画像が更新されるのですが、演習の間にどんな活動が行なわれていたのかは結局、わからず仕舞《じま》い。かつては国家にしか手に入らなかった情報を個人でも入手できる時代——なんて言っても、やっぱり国家はまだまだ強いのですね。衛星画像と付き合っているとそのことを実感します。

第5章

情報をまとめる

——情報分析のための文章術

「スターター」としての図表・グラフ――データに喋らせる

情報の収集、分析ときたら、次は**情報資料作り**です。実際にはこれらが明確に峻別《しゅんべつ》できないということは第3章の最後で述べたとおりで、**情報資料のための文章が書けないと情報収集や分析もできません。**そこで、この章では私なりの文章作成術みたいなものを披露してみたいと思います。

とはいえ、文章術の本というのは世の中にたくさんありますから、文章を書くこと自体が苦手という人はそちらを読んでもらった方がいいでしょう。ここで私が論じたいのは、**情報分析のための文章をどう書くか**ということなのです。

ある程度の知識が頭の中にあって、バックグラウンド情報やコア情報も集めている。現地にも行ってみた。ではそれを情報資料として文章化してみよう、という段になると、意外と書き始められなかったりするものです。逆に、どんな情報を集めたらいいのかもわからなくて頭を抱えてしまうという人もいるのではないでしょうか。

そういうときに私がお勧めするのは、**とりあえず現時点で手元にある、あるいはすぐに集められる情報を図表やグラフにしてみる**という方法です。仮に「ロシアの対

図16　書けないときは、情報を図にしてみよう

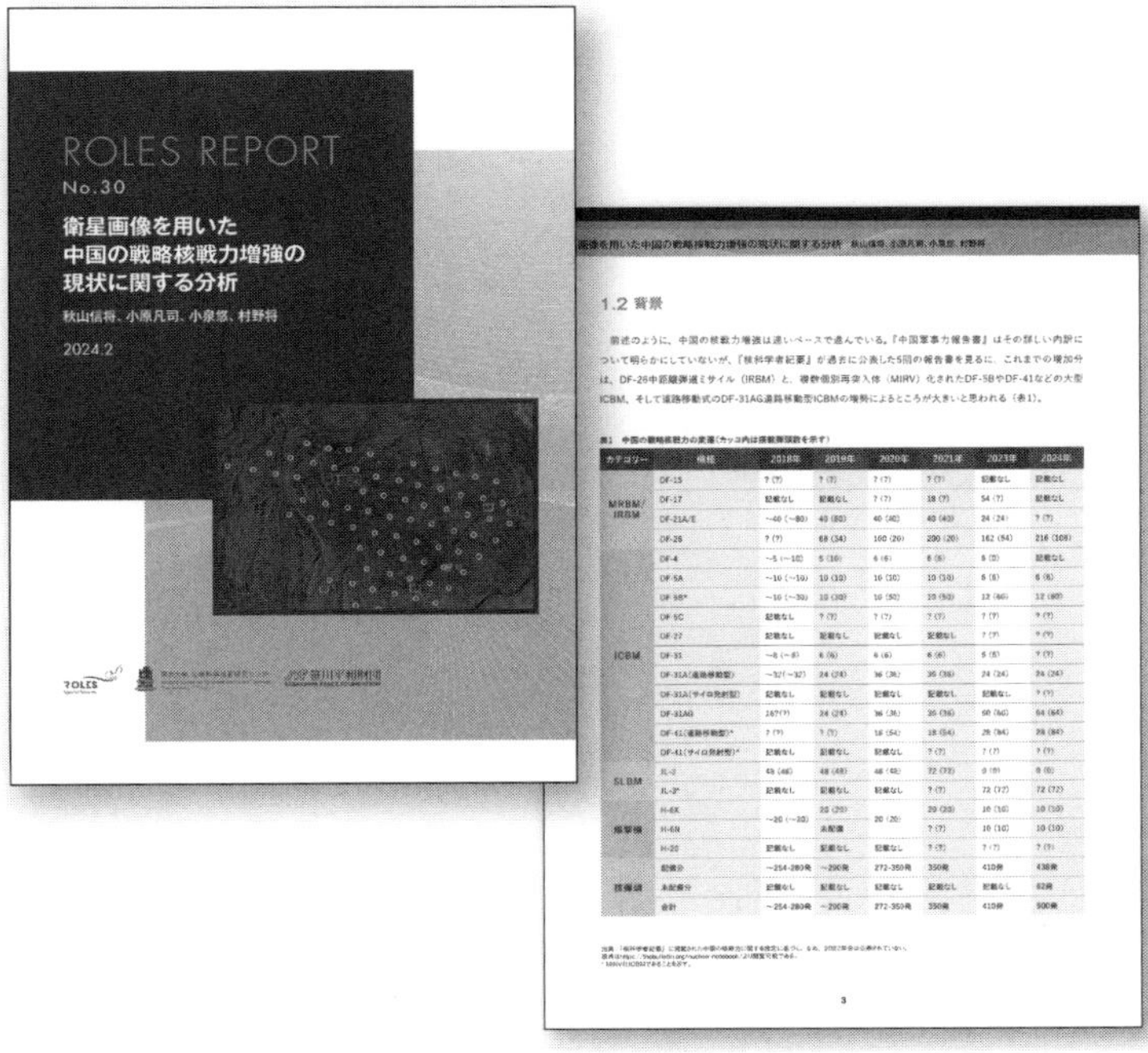

カテゴリー	機種	2018年	2019年	2020年	2021年	2023年	2024年
MRBM/IRBM	DF-15	? (?)	? (?)	? (?)	? (?)	記載なし	記載なし
	DF-17	記載なし	記載なし	? (?)	18 (?)	54 (?)	記載なし
	DF-21A/E	~40 (~80)	40 (80)	40 (40)	40 (40)	24 (24)	? (?)
	DF-26	? (?)	68 (34)	100 (20)	200 (20)	162 (54)	216 (108)
ICBM	DF-4	~5 (~10)	5 (10)	6 (6)	6 (6)	[illegible]	記載なし
	DF-5A	~10 (~10)	10 (10)	10 (10)	10 (10)	6 (6)	6 (6)
	DF-5B*	~10 (~30)	10 (30)	10 (50)	10 (50)	12 (60)	12 (60)
	DF-5C	記載なし	? (?)	? (?)	? (?)	? (?)	? (?)
	DF-27	記載なし	記載なし	記載なし	記載なし	? (?)	? (?)
	DF-31	~6 (~6)	6 (6)	6 (6)	6 (6)	5 (5)	? (?)
	DF-31A(道路移動型)	~32 (~32)	24 (24)	36 (36)	36 (36)	24 (24)	24 (24)
	DF-31A(サイロ発射型)	記載なし	記載なし	記載なし	記載なし	記載なし	? (?)
	DF-31AG	[illegible]	24 (24)	36 (36)	36 (36)	60 (60)	64 (64)
	DF-41(道路移動型)*	? (?)	? (?)	18 (54)	18 (54)	28 (84)	28 (84)
	DF-41(サイロ発射型)*	記載なし	記載なし	記載なし	? (?)	? (?)	? (?)
SLBM	JL-2	48 (48)	48 (48)	48 (48)	72 (72)	0 (0)	0 (0)
	JL-3*	記載なし	記載なし	記載なし	? (?)	72 (72)	72 (72)
爆撃機	H-6K	~20 (~20)	20 (20)	20 (20)	20 (20)	10 (10)	10 (10)
	H-6N		未配備		? (?)	10 (10)	10 (10)
	H-20	記載なし	記載なし	記載なし	? (?)	? (?)	? (?)
[illegible]	配備分	~254-280発	~290発	272-350発	350発	410発	438発
	未配備分	記載なし	記載なし	記載なし	記載なし	記載なし	62発
	合計	~254-280発	~290発	272-350発	350発	410発	500発

集めた情報を図にすると、
数値の変化、仮説との差分などが可視化できる。
論文「ROLES REPORT No.30　衛星画像を用いた
中国の戦略核戦力増強の現状に関する分析」を執筆した際も、
まず情報を図表化した

NATO軍事戦略ってよく論じられているけれど、極東ではどうなんだろう？　日本はまだロシアにとって敵という認識なのか？　中国は？」という問い＝情報要求があったとします。なかなか難しい問題ですよね。大量の論文や公刊資料を読まないといけないだろう、ということは想像がつきますが、どこから手をつけるべきか。

私だったらまず、手元の『ミリタリー・バランス』や『防衛白書』を引っ張り出してきて、冷戦後の極東ロシア軍の兵力データを5年刻みくらいで表にしてみます（ここで身銭を切って資料を持っている、ということが生きてきます）。1990年の極東ソ連軍は戦車何両、航空機何機、大型戦闘艦艇何隻を保有していた。というところから始まって、それがソ連崩壊後の1995年、プーチン政権が成立した2000年……というふうにまとめていくのです。ついでにソ連・ロシアの欧州部や中国や日本、北朝鮮など、周辺諸国についても同じように図表を作りましょう。最後のところは入手可能な最新時点のものにしておきます。

この作業を経ると、図表が勝手に喋り出してくれます。自分で作った図表を自分で実況解説する、と言えばいいでしょうか。「ソ連末期、極東ソ連軍にはこれだけの兵力があって北東アジアでは最強だったが、ソ連崩壊によって大きく落ち込んだ。特に地上兵力の落ち込み幅は欧州部と比べても非常に大きく、表に示すとおり、1995

年時点では日本にも劣るようになる。2000年にプーチン政権が成立した時点では落ち込みはさらに酷くなっていたが、2000年代から2010年代には持ち直しの兆《きざ》しを見せ始めた。ただ、相対的には周辺諸国と比較して依然として小さいままである」。図表がこれだけのことを勝手に喋ってくれるのです。何も書けずに困っているときには、これがものすごく助かる。エンジンを始動するために最初の火花を散らす、スターターみたいな役割ですね。

仮説を立てる――「こんなことなんじゃないかな」と口に出してみる

こうして一応、文章のエンジンが点火してくれたとしましょう。次の問題は、これを連鎖反応に繋げてピストンが継続的に動いてくれるようにすることです。そのためには、**自分なりの仮説を立ててみる**という方法があります。

「図表が喋っていることを聞いていると（まぁ実際は自分が書いているのですが）、どうもこんなことなんじゃないか」と口に出してみる（文章に書いてみる）のです。

例えば、「ソ連崩壊後のロシア軍の縮小はなぜ一律ではないのだろうか。極東では兵力の落ち込み幅が欧州部よりも大きかったということは、中国や日本に対する脅威認識がNATOに対するそれよりも薄かったのではないか」という仮説が生まれてくるかもしれません。

これで、**バックグラウンド情報やコア情報を収集する上での指針ができました。**中露外交に関する有名な研究者の本や、ソ連崩壊後のロシアの経済状況に関する資料をバックグラウンド情報として読んでみよう、ということがまず考えられますね。コア情報としては、1990年代のロシア軍部内誌では中国や日本についてどんな見方を軍人たちが示していたのか、とか、ソ連崩壊後の極東ロシア軍はどんなシナリオ・内容の軍事演習をどこでやっていたのだろうか、ということを公刊資料から調べられそうです。こうした情報を体系化し、出典註付きでメモ書きしていけば、情報資料の部品みたいなものができてきます。もちろん、それまでに蓄積していた情報があれば、それも総動員しましょう。

すると、さらに色々なことを思いつけるようになります。「極東ロシア軍といっても、一枚岩ではない。冷戦時代に対中国戦争を想定していたのは陸軍だが、太平洋艦隊の仮想敵は日本の海上自衛隊と米太平洋艦隊だったようだ。とすると、極東ロシア軍の中の何が減って何は変わっていないのかで、兵力落ち込みの背景にある脅威認識が読み取れるのではないか」なんていう問題の立て方はどうでしょうか。このくらいまで来ると、情報資料の基本的な骨格は概ねできたと言ってもいいでしょう。

ただし、最初に立てた仮説には固執すべきではありません。学会誌の査読をしていると、どうも最初に立てた仮説を押し通すために論理に無理があるのではないか、という論文にたまに遭遇します。牽強《けんきょう》付会《ふかい》だったり、やたらと細かいデータや方法論を並べ立てて誤魔化そうとしている、というタイプの論文です。そのことを指摘すると猛烈な反論文を返してくる執筆者もいますが（査読者に対する反論の機会があるかどうかは学会によって異なります）、でもやっぱり筋が通っていない。こうなるとリジェクト（掲載不可）とせざるを得ません。

仮説を思いつけるのはとてもいいことなのですが、それはあくまでも分析の叩き台となる「仮の説」に過ぎません。実際に先行研究に当たり、データを集めてみたら、最初に考えていたのとは全然違った、というのはよくあることです。「極東ロシア軍の落ち込みが特に激しかったのは、欧州部の基地に比べて維持コストが高かったから」なんていう、軍事的合理性とは違う理由かもしれませんよね（これは「かもしれない」であって、実際にそうだったというわけではありません）。このほか、軍と政権の関係性とか、軍内部での権限争いとか、軍事力のあり方は様々なファクターの絡まり合いで決まってきます。だからこそバックグラウンド情報やコア情報を集め、それを文章という形で論理的に検証しながら資料にまとめていく必要があるのです。

その結果、仮説が間違っていそうだったら、素直に評価を修正しましょう。むしろ、「当初はこう考えて分析を始めたのだが、どうも実際はこうらしい」と書いてある情報資料は、よく練られた、優れたものと評価されるはずです。

アウトプットができないときはインプットを増やす
——自分の脳みそを過大評価しない

一方、スターターが次の連鎖反応に繋がっていってくれないということもあるでしょう。こういうときには自信をなくしがちです。「俺はなんて頭が悪いんだろう」とか。大学院生のときの私がまさにそうでした。当時は「データに喋らせる」という発想もなく、真っ白なままのワープロ画面を眺めては頭の中も真っ白になっていました。

しかし、今になってみると、当時の私は「頭が悪い」と自分を卑下しているようでいて、実は自分の脳みそに過大な期待をかけていたのだと思うのですね。この頭の中から何か素晴らしいアイデアがいつか湧いてくるだろうと思い込んでいて、だから外からのインプットをするということを怠っていた。第4章では外国語を読むのが遅い、という話をしましたが、それも言い訳だったのかもしれません。だったら日本語の本を読めばいいのに、何となく「外国語の本を読んでいる方が偉い」という幼稚な思い込みがあって、ロシア語の論文なんかをいじくり回しては結局いくらも読めずに悶々としていたのです。

もし当時の自分に会いに行けたなら、なんとアドバイスするでしょうか。「お前がそんなに頭いいわけないだろ。頭悪いんだから、頭いい人の本を何でもいいからまず読めよ。日本語でいいんだからさ。でなけりゃバイト代貯めてロシアの軍事博物館にでも行ってこいよ」とか、そんなことを言うのではないかと思います（ちょっと言葉がキツいのは当時の自分に対する苛立《いらだ》ちを今でも持っているからです）。

このように、**アウトプットが全然できないときというのは、実はインプットが足りていないという場合が圧倒的に多い。**だから、書けないと思ったらまず読んでみてください。あるいは生情報を集めて図表にしてみてください。それでも書けなければ読書量を増やす。図表をもっと作ってみる。現地に行ってみる。最悪の場合、それらのインプットについて何か言っておけば、情報資料らしきものにはなっていきます。

人と話してみるのもいいでしょう。話すこと自体はアウトプットにならないと私は思っているんですけれども（文章の論理構造による検証を経ないからです）、人と話してみると、自分の頭の中に元々存在していながら言葉になっていなかったものが、ふと口から飛び出してくる。「あれ、なんでこんなこと言っちゃったんだろう」とか「我ながらよくこんなことを口にできたもんだなあ」という経験は、誰にもありますよね。

これもスターターになり得ます。図表やグラフが思わぬことを喋り出すように、自分の脳みそも持ち主の気づかないところで意外なことを考えていたりするものです。これをいきなり文章の形に出力できればいいのだけれども、それができないときにはまず話し言葉にしてみるのです。

昔の私はこれもできませんでした。「俺は頭いいんだぜ」という顔がしたくて、実は何も書けずに困っているんだということを大学院の先輩や同期に言い出せませんでした。でも、素直にそう言ってみれば、思わぬアイデアが口から飛び出てきたかもしれません。自分では思いもつかないアプローチや資料についてアドバイスをもらえた可能性もあります。

自分の脳みそを過大評価しない。書けないときはまずこれを心がけてみてください。

自分の身体性を意識する——私たちはハードウェアである

何やらスピリチュアルめいた話に聞こえるかもしれませんが、そうではありません。前節から引き続き、私たちの頭は自分で思っているほどよくはない、という話です。

例えば図表に喋らせたい、というとき、どうするでしょうか。もしもあなたが小さな画面のパソコンしか持っていないとすると、せっかく作った図表の全体像が見えないかもしれませんね。すると、全体像を把握して頭の中で処理するのが大変です。生情報を分析する、例えば衛星画像を見るときにも、画面が小さいと（物理的な意味での）視野が狭くなりがちで、すぐ隣に面白いものが映っていても気がつかなかったりします。資料が手元になければいちいち借りに行かないといけませんし、それをコピーするとなるともっと時間がかかります。また、第2章で述べたように、借りた資料には書き込みができません。

自分の脳みそを過信していると、こういう問題を見落としてしまいます。しかし、私たちは脳みそや目や腕など、タンパク質でできたハードウェアの集合体なのです。だから物理的制約を受けやすいし、これはそのまま、思考の制約に繋がります。逆に言うと、**物理的制約を緩和してやると、思考の制約も緩和されるのではないでしょう**

か。

小さなパソコン画面を覗きながら、Excelで作った図表とワープロソフトの間を何度も何度も行ったり来たりして作業をする。いかにも効率が悪いですし、この効率の悪さはかなりの程度まで思考の効率の悪さに繋がってきます。

そこでちょっと奮発して、大きな画面のパソコンと、やはり大きな追加モニターをデンと机の上に置いてみましょう。追加モニターの方には図表全体を映し出しておいて、メインのモニターはワープロソフトを置く。これで、「図表全体が、なおかつワープロソフトと同時に視界に入る」という状態が生まれました。私たちの脳みそを外部からのインプットに応じて駆動するハードウェアだと考えるなら、インプットのチャンネルを一挙に倍にしたことになります。図表全体が見えている、ということを勘案すると、実際には何倍にもなったかもしれませんね。

絶対確実とは言いませんが、これはアウトプットの質に影響を与えうる要素です。少なくとも速度は上がります。Excelとワープロソフトの間を行ったり来たりしなくてよくなったわけですから、「図表に喋らせる」速度は間違いなく上がります。

書見台を買ってみるのもいいでしょう。参考文献の内容をメモしたいとき、本を開いて閉じてを繰り返すのではなく、押さえのついた書見台をパソコンの横に置いておくのです。
脳みその中に何かすごいものが詰まっているはず、などと考えず、自分は一個のハードウェアなのだと割り切って動作効率を高めましょう。脳みそに頼るのは、こうして効率よくインプットができるようになってからでも遅くはありません。

よく眠り、ちょっと動いてみる——改めて、私たちはハードウェアである

「本当かいな」という懐疑の視線は承知の上で、**「私たちはハードウェアである」**という話をもう少しだけ続けます。思考なんて、本当にちょっとした物理的刺激の問題だったりするのです。

例えばインプットに集中できず、アウトプットもうまくいかないという状況を考えてみましょう。今日はもうなんか頭がとっちらかってしまって、なんにも手がつかないという日は必ずあります。私の場合、そういうときは大抵睡眠が足りていません。前夜に夜更かしして短時間しか眠れなかったとか、深酒をして眠りが浅かったとか、最悪の場合はその合わせ技です。これはもう頭がいい・悪いという問題以前の話で、ハードウェアとしての脳みそが整備不良なのです。

寝ましょう。こういう日はもう睡眠補助サプリか何か飲んで、早くに布団に入ってしまいましょう。そして翌朝早く起きて、散歩にでも行きましょう。何だか情報分析からずいぶん遠くにきてしまったなと思われるかもしれませんが、情報分析用ハードウェアのコア部分が脳みそなのですから、脳みそを労《いたわ》らない理由はありません。

脳みそを支えている身体も大事です。ずっと机に向かって、同じ姿勢でいると、思考がだんだん狭窄《きょうさく》してきます。こういうとき、5分でもいいから体を動かすと、思考のスコープが「バキッ」と広がったりします。突然良いアイデアが浮かぶこともあれば、「そもそも今悩んでいることってあまり重要ではないのでは」と自分の思考を客観視できるようになるのですね。場合によっては「もうダメだ、5分だけ体を動かそう」と思って立ち上がった瞬間にもう、そうやって思考が切り替わっていたりする。やっぱり私たちはハードウェアなのです。

組み換える、忘れる、やり直す——自分の作った「迷宮」から抜け出すために

そろそろ「それっぽい」話に戻りましょう。あれやこれやで脳みそと身体をなだめすかし、それなりに分析が進んできたとします。ということは、情報資料の部品とし

ての文章も書き溜まってきたでしょう。ところが、自分で読み返してみるとどうも気に入らない。自分の考えていることがどうもうまく表現されていない気がする。抽象的な思考を、文章という具象的なものに置き換えるとき、よく遭遇する問題です。

まずは文章を少し組み換えてみましょう。このパートは後ろの方へ、むしろこっちを前にしてみよう。自分の考えたことを情報需要者によりよくわかってもらうために、最適の配置を工夫するのです。そのためには、「ここまでにこう書いてあったということは、読み手（情報需要者）はこのことがわかっているはず。他方、こっちはまだ知らないことなので前提としてはいけない」など、文章の論理構造を考え抜かねばなりません。長い文章の場合は「この話は前にしてありますよ」という意味で（XX節を参照）とか、「ここは今ちょっとわかりにくいかもしれないけれども後で説明しますよ」と安心してもらうために（XX節で後述）と断りを入れます。情報資料の「お客さん」である情報需要者にストレスなく読んでもらうための工夫です。

しかし、それでもやっぱり気に入らない、ということがあります。その場合は、**少し忘れましょう。**ちょっと時間を置いてから自分の文章を見直すと、うまく表現できていないと思ったけれどもそうでもなかったとか、悩んでいたことは分析の目的に照らしてそもそも大して重要でなかったと気づくといったことがよくあります。しばし忘れることで、「情報分析者モード」から「情報需要者モード」に思考が切り替わるわけですね。

それでもダメだ、よくないことはわかるのだが何がよくないのかがわからない。自分の文章が奇怪な迷宮のように見えてきた。あります。私もそういうこと、たまにあります。

この場合の解決法は**「やり直す」**です。ワープロソフトの画面をもう一つ開いて、一から書き直すのです。こうなっているときというのは基礎がねじくれている場合が多いですから、一度更地にするしかないのです。ところが既にかなりの分量を書いてしまっているときというのは、それを捨てるのが惜しくて、更地にする勇気が出ないんですね。

その勇気を出すために、何もかもやり直す必要はないんだ、と考えましょう。まずは分析を始めた当初の目的やレベル感に立ち返って、「こんなことを調べて分析したいのだ」とまっさらの画面に平易な言葉で書きつけます。自分の頭の中身を外部に出力して、それを見ながら「では情報需要者に説明するときにはどんな言葉にすればいいのかな」と考えるのです。

次に、これまでに書いて迷宮化した自分の文章の中から、とりあえず自分で納得の

図17 **文章の「迷宮」から抜け出すコツ**

1. 組み換える
パートの前後を入れ換えるなどして、
わかりやすい理論構造を考える

2. 時間をおいて見直す
少し忘れて、「情報需要者モード」で見直す

3. やり直す
迷宮化した文章からの部分も使いつつ、
更地から書き直してみる

いっている部分を引っ張ってくる。その次はここから。この辺はちょっと繫がりが悪いから書き足す。またその次。こうやって更地に既成部品を載せ直していくと、結局使わなかったという部品が残ることがあります。実はこれが迷宮の元凶だったわけですね。わかってしまうと何でもないのですが、迷宮を迷宮のまま改築しようとするとなかなか気づけません。

ちなみに、モニターへの投資はこの作業でも生きてきます。「迷宮」化した元の文章を片方のモニターに、新しく更地にした文章はもう片方に表示して、両方を見比べながら書いていくわけです。どこからどの部品を持ってきてどこを変えたのかが視覚的に把握できるようになり、更地が再び「迷宮」化することを防ぎやすくなります。

情報資料としての体裁を整える

ここまで述べてきたことは、情報資料作りにだけ当てはまるわけではありません。学術論文や大学のレポート、一般向けの文章などを書く場合にも結構応用が効くと思います。

他方、**情報資料であるからこそ求められるのが、「忙しい人がさっと見てわかるよ**

うにする」ということです。第２章で述べたように、情報資料の「お客さん」はあくまでも情報需要者なわけですが、こういう人たちは大抵忙しい。会議に来客に出張にと振り回されているときに、１００ページのレポートなんか出てきても熟読する暇はないでしょう。それでもこの人たちにちゃんと情報が届くようにする義務が、分析者にはあるのです。

そこで情報資料の冒頭には大抵、**要約**がついています。レポートの中身を読む時間がなくても何を言っているのかわかるように、キモとなるポイントをまとめるのですね。Ａ４で１枚とか、箇条書きで３点ということもあるでしょうが、これはレポートの長さや情報需要者からの求めに応じて変わります。**重要なキーワードには下線**も引きましょう。とにかく大事なことは「情報資料本体が読まれることは実は少ない」ということです。

もちろん、情報需要者が「これは大事だから中身にも目を通しておこう」と考えることもあるでしょう。この場合も、相手が熟読してくれるとは限りません。ざっと目を通すだけということの方が多いでしょうから、**文章の中には見出しをつけ、それぞれのパートの冒頭だけ読めば各パートの中身が大体わかるようにしておく必要があります。**例えば「北方領土駐留ロシア軍の訓練動向」というパートの冒頭では、「訓練

図18 **情報資料の体裁を整えるポイント**

1. 要約をつける
2. キーワードにはアンダーラインを引く
3. 見出しをつける
4. グラフをつける
5. わかりやすい言葉を使う

回数は年々増加傾向を辿っており、規模も拡大傾向にある」とまず書いてしまい、細かいデータや訓練内容はそれから説明していくのです。さらに年間訓練回数とか訓練参加兵力をまとめたグラフをつけておけば、文章を読まなくてもパッと理解してもらえるでしょう。

言葉遣いにも注意が必要です。あまり凝った文章や粗雑な文章ではいけないことはもちろんですが、情報需要者にとって**最もわかりやすい言葉**で書かれていなければなりません。例えば外務省の情報資料で「自動車化狙撃師団」という言葉を使うならカッコや註をつけてその意味するところを説明せねばなりませんが、自衛隊の人相手なら注釈なしの方がスッキリした文面になるでしょう。

分析者が書く文章は「作品」ではなく、あくまでも「資料」なのです。顧客本位の文章を心がける必要があります。

北方領土を歩いてみたら

本書では、北方領土の事例をたくさん出しました。当然、その分析には現地を見ておくことが望ましい。そう考えて2013年と2018年に択捉島と国後島を訪れました（残念ながら色丹島《しこたん》には行っていません）。

現地に行ってみると、やはり色々なことがわかってきます。例えば2013年には択捉島で工事中だった新空港の建設現場を見せてもらいましたが、そのとき、現地の建設労働者の人と話すことができたんですね。もうボロクソでした。「給料が約束通り支払われない！　だから俺たちも手を抜いて仕事してるんだ。こんな空港、嵐が来たら壊れちゃうぞ」とか猛烈な勢いでぶちまけてくるのです。こういう体験があると、北方領土の軍事施設建設がなかなか予定通りに進まないことも政治的理由ではなく、単純に汚職で中抜きがあるからでは？という仮説が浮かんだりします。しかも、このときに見た空港には2018年にロシア空軍の戦闘機が配備されました。すると「なるほど、あのとき見たあの辺のスペースが駐機場になったんだな」と衛星画像分析に必要なグラウンド・トゥルースにもなっていて、やはり現地を見てくることには意味があるんですね。

それからアメリカのシンクタンクが出してきたあるレポートを見ていると、こんなことが書いてありました。衛星画像を使ったもので、択捉島の市街地にできた建物が軍事施設ではないかというのです。しかし、現地に行ったことがあれば、これは誤った分析だとすぐにわかります。問題の場所は住宅や公民館が並んでいて、軍隊の施設が置かれるような立地ではありません。実際、その建物は公共施設として建設されたものでした。ソ連がペンタゴン中庭のホットドッグ屋を重要施設だと誤認したのと同様、アメリカだって現地の文脈を知らないと誤った分析をやってしまうのです。この点、日本からは多くの人が現地を訪れているわけですから、北方領土に関する情報分析ではアメリカを見返す余地があります。

こういうメリットがあるので、北方領土は定期的に訪れてみたいと考えていました。2013年と2018年に行ったから、次はまた5年後の2023年かな、なんて思っていたら起こってしまったのがロシアのウクライナ全面侵攻です。北方領土をめぐる日露交流は完全にストップしたままで、次に行けるのはいつになるのか、見通すことさえできません。現地で出会った多くの人たちの顔を思い浮かべるとき、ちょっと寂しい思いが去来します。

第6章

情報分析で陥りやすい罠

――「予断」と「偏り」の中で

「できるようになってから」が危ない

ここまで、どういうふうに情報を取ってきて、それを処理する装置を頭の中に作り上げるのか、ということをお話ししました。このプロセスが回るようになったところで、今度はそのプロセスの中で陥りやすい罠とその対策についてもお話をしてみたいと思います。

真っ先に気をつけるべきは自分自身です。バックグラウンド情報に目を配り、コア情報にも精通し、現地にも足を運んだ。情報資料をまとめて読んでもらえるようになった。つまり、情報分析が一通りできるようになった。こうなってからが危ないのです。

自動車学校に通うと、交通事故を起こすのは免許を取ってから1～2年目の人が多いということを習いますが、それと同じです。緊張してハンドルを握っているごく初心者のうちは案外事故を起こさないのだけれど、そろそろ慣れが出てきて片手運転なんかし始めるとぶつけてしまう。同様に、**「情報分析って大体こんなもんだろう」と思い始めると分析を誤る**のです。

最近、私が体験した例を紹介しましょう。北方領土の軍事基地を衛星画像でずっと観察していると地元の街みたいに思えてくる、ということを先に書きました。このようにして、カムチャッカの原潜基地にも私は同じくらい詳しくなっていました。というか、そう慢心していました。ここここここを見ておけば、湾内の原潜は全部把握できているはずだと思い込んでいたのですね。ところが、ちょっと画角を広くしてみたら、埠頭《ふとう》のすぐ沖合にも潜水艦の係留場所があったのです。当然、過去のデータも全部取り直しということになってしまいました。

この係留場所はそんなに頻繁に使われていたわけではないので、潜水艦の停泊状況を基に導き出した核抑止パトロールの傾向についての結論は変わりません。問題は、この係留場所がおそらく消磁作業（潜水艦の磁気を消してセンサーに引っかかりにくくするための作業）に使われていると思《おぼ》しきことです。私は以前の著書（『オホーツク核要塞』）で、「カムチャッカの原潜基地には消磁作業を行なう場所が見当たらないので、ミサイル装填に使う埠頭でやっているのではないか」と書いたのですが、これは全く間違っていたことになります。「慣れ」で分析をやっていたために結論の一部を見誤ったのです。

少し補足すると、私が画角を狭くして画像を見ていたのは慢心によるものだけでなく、予算の制約にも起因していました。衛星画像サービスの課金方式は色々ですが、私が主に使っているサービスでは、最初に1年間の課金額を決めておき、実際に見た分がそこから引かれていくという方式になっています。あまり大量に画像を見てしまうとあっという間に課金額いっぱいになってしまうので、個々の観測対象はなるべく絞り込んだ方があちこち見ることができます。こういうわけで一度「わかった」と思った場所は画角が狭くなりがちなのですが、その結果、第3章で述べた「unknown unknown」を見落とすという失敗に繋がったのです。

予断が情報分析を歪める——「占い師」にならないために

慢心は情報分析者当人の問題だけではありません。**情報需要者が「こうに決まっている」という予断の下に情報要求を出してくる**場合がそれです。向こうの中では結論が決まっているので、こちらとしては誠実に情報分析を行なって資料にまとめたのに、「そんなわけない」と突っ返されてしまう。戦前の日本が作ったシンクタンク「総力戦研究所」が対米戦争は不可能という結論を出していたにもかかわらず、政府が受け入れなかったというエピソードは有名ですね。幸い、外務省ではそういう経験をしたことはありませんが、代わりにテレビ局でのインタビューでこんなことがありました。

普通はこちらの意見をカメラに収めたらそれで終わりなのに、そのときはインタビューを担当したスタッフからしばらく待つように言われ、本人はどこかに行ってしまいました。そして戻ってくると「今の話はこういうことなんじゃないですか」と言うのですね。「いや、そういう話ではないです」と言うとまたどこかへ行き、戻ってくるとまた同じやりとりがある。番組を作っている上の方が、「こういうことに違いない」という予断を強く持っていて、インタビューに呼んだ有識者がそのとおりに話すまで納得しないようでした。

なんと失礼なやつだ、と憤るのは簡単です（実際、私もかなり不愉快な気持ちにはなりました）。しかし、これは情報分析者にとって他山《たざん》の石とすべき事例とも考えられないでしょうか。ある分析対象について思い込んでしまう、というのは、前述した慢心そのものだからです。その結果、自分の見立てとは異なる分析結果が受け入れられなくなってしまうのです。

これは他人の言うことをなんでも聞け、という意味ではありません。そうではなくて、ある問題について自分はこう分析するけれども、この人は違った分析をしているという事実を受け入れねばならないということなのです。こうして事実を事実として受け入れられるなら、「どうして違う分析が出てくるのだろう」とか、「この問題については分析手法によって随分違う結論が出てくるらしい」といった**新たな知見を得ることができます。**

言い方を変えると、**これは自分の導き出した分析結果を相対化するということです。**自分の分析は決して絶対のものではなく、ある条件の下で成立するものに過ぎない。だから、ここまでは自信を持てるけれども、このあたり以降は一つの可能性として扱わねばならない。その他の可能性としてはこの分析者がこういう指摘をしていて、別の人はこう言っている。こうして同業者たちの意見を一旦受け入れることで、分析対象の可能行動（第1章を参照）の中から何が起きそうなのかを考えていくのです。情報需要者にはここまで含めて提示せねばならず、それをしないなら占い師と変わらなくなってしまいます。

第1章では、ロシア軍の可能行動はある程度把握できたが、プーチン大統領の意思までは読みきれなかったという話をしました。ロシアがウクライナに侵攻するかどうかを私が断定できなかった（しなかった）のは「占い師」になりたくなかったからで、それゆえに当時の物言いは正しかったと今でも私は自負するのです。

ミラーイメージの罠

ところで、予断はなぜ生まれるのでしょうか。自分のやり方に自信を持って慢心してしまう、というのが前述のメカニズムです。しかし、もう一つ、**ミラーイメージという罠が潜んでいる**ことをここでは指摘しておきましょう。

１９７０年代の米海軍では、仮想敵であるソ連海軍が何を目指しているのかを巡って部内論争が存在していました。当時のソ連海軍は、それまでの主力であった潜水艦だけでなく巡洋艦や駆逐艦などの大型水上戦闘艦艇を次々と建造し、空母建造にも手をつけ始めていました。大陸国家であるソ連がどうして巨大な海軍を作ろうとしているのか。これが焦点になったのです。

米海軍主流派の意見は、「彼らは我々と同じことをしようとしているに違いない」というものでした。有事に米本土から欧州に向けて送られてくる米軍の増援をソ連は遮断しようとするに違いない。そのために洋上で米海軍主力に決戦を挑み、制海権を得ようとしているのだ、というのです。あるいはこうして制海権を握ることにより、世界の海に潜むアメリカの弾道ミサイル搭載原潜を狩り出したり、自国の原潜が自由に航行できるようにするつもりなのだ、とも考えられました。なぜならば、この「制海」というのはまさに米海軍のドクトリンそのものなんですね。アメリカの提督たちにとってみれば、海軍というのはそのために存在するはずだろう、ということが自明の前提とされていました。

これに対して海軍情報部のソ連専門家たちはまた別の解釈をしていました。ソ連の軍事ドクトリンの中には、世界の海で制海権を握ろうとする発想はない。ソ連にとっての海軍とは、あくまでも陸上の作戦を支援することに存在意義がある。しかも、ソ連の原潜は主に自国近海の防護された海域（要塞）をパトロールする方向にシフトしている。だから、ソ連が巨大な水上戦闘艦艇を建造しているのは、この要塞海域からなるべく遠いところで米海軍を迎え撃ち、対潜部隊を接近させないようにすることが主眼にある。これがソ連専門家たちの分析でした。

米海軍の提督たちがソ連海軍を自分たちとそっくり同じ存在として、つまりミラーイメージで捉えていたのに対して、ソ連専門家たちは「彼らには彼らなりの論理があるのだ」と主張して論争になったわけです。

現在では、正しかったのはソ連専門家たちだったことがわかっており、ソ連海軍の要塞戦略ということも当たり前に言われています。しかし、海軍の主流派がこの結論を受け入れるにはかなりの時間がかかりました。ソ連海軍が独自の論理を持っている

図19　米海軍が陥ったミラーイメージの罠

衛星画像によるロシア北方艦隊の原子力潜水艦基地

ロシア海軍のドクトリンはソ連時代から「要塞戦略」である。
しかし、1970年代の米海軍主流派は、
ソ連海軍も米海軍と同様の「制海戦略」であるはずだと見誤った

ように、米海軍にだって独自の論理があるからです。どちらもそれなりの合理性があって、どちらが正しいかは絶対的な基準で結論できない。加えて、ことはソ連の核戦略に関わる問題ですから、「我々はこう考えています」なんて当事者が教えてくれるわけでもない。様々な情報活動（この中にはHUMINTも含まれていたようです）の結果、やっぱりソ連海軍は要塞戦略で動いているらしいという結論が出たのは、冷戦も終わりに近づいた１９８０年代のことでした。

分析対象の言い分に同調してしまう――自分はどう偏っているのか？

ミラーイメージの罠を避けるためには、相手がどういう論理を持っているのかを相手の立場になって把握することが有効です。第２章で述べた「**分析対象のエミュレーターを持つ**」というのは、まさにそのために必要とされる思考です。ソ連海軍の要塞戦略という考え方を米海軍情報部が導き出せたのは、このエミュレーターを持つことができた結果でした。

ところが、ここにはもう一つの罠が潜んでいます。軍事戦略レベルならそれでもいいのだけれども、分析対象の持っている世界観とか価値判断にまで踏み込んでいくと、それに同調してしまうということが起きがちなのです。

例えば、ロシアは現在の世界についてこんな不満を持っている。イスラム過激派がテロを起こすのはこういう論理に基づいているからだ。北朝鮮の立場になってみれば核を持たないと危なくてしょうがない。こういうふうに分析対象の論理に接しているうちに、「彼らの言い分は全くもっともだ」というところに行き着いてしまう人が少なくないのです。**「エミュレーターのスイッチが切れなくなる」**という状態ですね。

ロシアがウクライナ侵略を始めてから、こんな意見に何度か接しました。「西側の言い分は偏っている。ロシアの報道を見よ。全く違うことを言っているではないか」。その通りです。ロシアでは自国が「侵略」をやっているとは言いませんし、むしろ西側と結託してロシアを脅かすウクライナこそが悪いということになっています。実際、私がロシア人だったらそう思うのかもしれません。また、西側の全てが正しいとは私も思いません。

でも、ロシア側もやっぱり偏っているんですよね。この戦争に関してロシアから出てくる言説の中には、かなり牽強付会なものであったり、そもそもまるで虚偽であったりというものが少なくありません。だから「西側は偏っている」と言ってロシア側の言い分を無批判に受け入れるなら、それは偏りの中心点が移っただけではないでしょうか。もっと言えば、ウクライナも偏っているし、いわゆるグローバルサウスも偏っています。ウクライナで戦争が起きているという事態に際しての利害得失がみんな違うからです。

神様なら、あるいはAIとか宇宙人なら、これらを完全に公平な目で見ることができるかもしれません。例えば「長期主義」という考え方があって、ここでは1000年とか1万年とかいうスパンで人類の利益を考えて物事を判断すべきだとされています。この考えによると、ウクライナがロシアに抵抗を続けると核戦争のリスクが高まって人類が破滅するかもしれないから早く降伏すべきだという結論が導き出されてくるのだと言います。

でも情報分析をやっている私は当然、神様ではない。AIでも宇宙人でもないし、1万年後まで生きているわけでもない。さらに私はロシア人でもないので、給料は日本の文部科学省からもらっていて、具合が悪い時は日本の医療保険の世話になり、歳を取ったら日本政府から年金を受け取ることになるでしょう。だから、情報分析の目的は、この先何年かの間の日本の（というのは政府という意味ではなく、日本の社会や個々の日本人のことです）利益に資することでなければならない。

つまり私もまた偏っているわけですが、この偏りの中心点とロシア側の偏りの中心点はかなり隔たっています。だから私の分析の目的は、私の偏り方に近い中心点を見つけて、その利益に資することに置かれざるを得ません。我ながらエゴイスティックではありますが、自分の偏りを意識せずして全く公平であるかのように振る舞うなら、それは自分を神のごとく扱う思い上がりだと思うのです。

一次資料至上主義――資料は資料に過ぎない

これと関連して、分析者がときに特権意識を持ってしまうという罠も存在します。私は義務教育では習わないような外国語とか特別の分析ツールの使い方を学んで、日常生活からは縁遠い特殊な世界を見ているんだ。人脈を築いて、メディアには流れてこないような「ここだけの話」も聞かされているんだ。分析者ならこういう自負を持つでしょうし、実際、分析者はこういうことができていないといけません。

例えば一次資料を読めるかどうかです。私の場合で言えば、ロシア語で書かれたニュース記事や論文、本を読めていることが分析者としての最低基準でしょう。ところが、前述の「ロシアの報道を見よ」の罠はここに隠れています。「分析対象がこう言っている」という話を翻訳しただけで、「したがって事実はこうである」に飛躍してしまうわけです。

実際には、**一次資料はただの資料に過ぎません。**「分析対象がこう言っている」ということは当然の前提として、では別の一次資料（例えばロシアと対立するウクライナや米国の言い分）ではなんと言われているのか？　二次資料（一次資料について別の分析者が書いた情報資料）ではどうか？　そのとき起きていたことと照らすと、一次資料で言われていることはそもそも正しいのか？　これが情報分析なのであって、一次資料に書いてあることを縦から横にするだけなら、それはただの「翻訳」です。問題は、「翻訳」したことが他の資料との関係性の中で何を意味するか、でなければならないはずです。

もっと言うと、分析者の仕事なんて別にそう威張るようなものではないはずです。ロシア語が読めようとイスラム過激派の論理を深く理解していようと、それは魚屋が新鮮な魚を仕入れてくるとか、営業マンが契約を取ってくることと何ら変わらないでしょう。そうやって社会から存在意義を認めてもらえるから、自分の居場所があったり、日々生きていくだけの収入を得られているに過ぎません。

一次資料の扱いも同じです。一次資料を扱えるのは仕事なんだから当たり前。それを材料としてどんな料理を作れるのかが大事です。

事情通で終わってしまう――継続的なアウトプットで自分を鍛える

第2章では、「やたらいろんなことを知っているけれども何が言いたいのかわからない」という類型について触れました。いわば「事情通」タイプです。

事情通であることは決して悪いことではありません。特に突っ込んだ分析が欲しいわけではなく、ただ情報が必要なんだというときには、こういう人がいるととても助かります。なんでも知っていて、聞けばパッと教えてくれる。ちょっと検索したり本を読んだりしただけではわからないこともわかる。誰にでもできることではなく、これはこれで立派なものです。

ただ、こういう人に分析をしてもらおうとすると、訳のわからない成果しか出てこない、ということがまた多いのも事実です。大量の情報が羅列されているだけで結論がよくわからず、本人に「結局どういうことなんですか」と聞くと「いや、だからそれはだね」と言ってまた大量の情報を羅列し始める。そうではなくて、分析が欲しいんだということですよね。

第3章で述べたように、情報収集には目的とこれに合った解像度の設定、そして体系化が不可欠です。しかし、文章を書かない人はなかなかこれができません。情報収集（インプット）自体は得意なので大量の情報が頭の中に入っているのだけれども、アウトプットを意識していないので役に立つ情報資料を提供できないのです。

具体的なアウトプットが見えていればこの罠は比較的容易に回避できますが、そのためには情報需要者が明確な情報要求を出してやる必要があります。「こういうことが知りたいので、これこれのデータとその解釈、今後への影響を盛り込んだ3000字のレポートを来週までにまとめてくれ」という要求を出すのです。一度ではうまくいかないかもしれませんが、何が足りないのかを具体的に指摘しながら修正を繰り返してもらうと、ただの情報の羅列だったものがだんだん情報資料らしくなってきます。私自身は情報要求を出す立場になったことはないのですが、実務者相手にレポートの執筆指導をするときには概ねこんなプロセスを辿ります。

そして、この方法は、分析者が自分自身を鍛えるためにも使えます。学会の特集論文とか雑誌の記事は編集部から大まかなテーマの指示がありますから、これを情報要求だと思って情報収集と分析を行ない、アウトプット（この場合は論文や記事）にまとめるのですね。中には自分のコアな専門と異なる執筆依頼も来ますが、分析スキルの練習だと思えばこれもいい機会ですよね。だから私は外部から来たちょっと風変わりな執筆依頼は「修行」のつもりでなるべく受けるようにしています。

私が実践しているもう一つの「修行」方法としては、毎週メールマガジンを書くというものがあります。有料メールマガジンは商品ですから、自分で決めた発行日ごと(私の場合は毎週月曜日)に配信しないと金だけ取って納品がなされなかったということになってしまいます。だから発行が遅れるとまずメールマガジンの会社から督促が来て、そのまま次の発行日まで放置していると廃刊という厳しい措置が取られます。

実際、私はこれで一度、メルマガを廃刊しているので、これを繰り返さないためには毎週何か書かないといけない。そのためには情報収集も義務として一生懸命やるようになるし、情報収集を続けていると「こんな報道が増えているけど、もしかしてこんなことが起きているのでは?」という仮説が浮かびます。あるいは、「この人はちょっと違った角度からこんなことを言っているな」と自分を他の分析者と比較するようにもなっていきます。書くというのはやっぱり、情報分析そのものなんですね。

「ヘンな専門家」の見分け方

以上が頭に入っていると、「ヘンな専門家」の見分けもついてくるでしょう。この

「ヘン」は「偏」であり、「変」でもあるのですが、要するに情報分析の参考にするときに注意を要する人ということです。

まず避けるべきは**「偏な専門家」**です。情報分析が予断に満ちていて、やたら断定調であるというタイプです。自分の中のミラーイメージに強く固執する人に多いです。これがさらに悪化すると「占い師」型専門家になります。これらの分析者は、長年の経験に基づいてそれなりに傾聴に値する分析を提供してくれることもあるのですが、それとは違う分析もありうるということを強く否定するようになると困ったものです。特に同業者の名前を挙げて「あいつはわかってない」「話にならない」と言いたがる人の話は、慢心に陥っている可能性があると考えて一つの可能性として扱いましょう（その分析結果自体は否定されません）。

他方、**「変な専門家」**は分析結果自体がおかしい。やたらと細かい話ばかりをした挙げ句にいきなり大きな結論が導かれてくる、というタイプがまず考えられます。分析の解像度が合っていない上に、解像度が合っていないということ自体が自覚できていない分析者はこうなりがちです。これの亜種が、細かい話ばかりしていて結論がないという「事情通」タイプということになるでしょうか。ただ、このタイプは「変」であるということがわかりやすいので、そう苦労せずに回避できるでしょう。また、彼らが提示してくる個々の情報はそれなりに有用でもあります。

ところが、**エミュレーターのスイッチが切れなくなっている専門家**はもっと厄介です。分析対象と完全に同調してしまっているからです。これだけなら「相手の論理をわかりやすく説明してくれる人」として話を聞くこともできるのですが、ことが政治的な価値観を孕《はら》んだ問題となると、陰謀論が入り込む余地が生まれます。分析対象のナラティブに含まれる「実は国際的に非難されているあの行動は、向こうがこんな邪悪なことをするのでやむを得なかったのだ」という話が、自分の分析の一部になってしまっているというパターンですね。やたらと「メディアでは報じられない本当の話」を声高に語る専門家は陰謀論に陥っている可能性があると考え、ちょっと遠ざかっておいた方が無難でしょう。これはまた、自分自身が陰謀論に陥らないための戒《いまし》めでもあります。

分析者と研究者

『情報分析力』というタイトルの本を書いておきながら、私はプロの分析者ではありません。ここで言う「プロの分析者」というのは、情報機関などに勤務している職員のことです。こういう人たちはOSINTだけでなくSIGINTやIMINT、果てはHUMINTまで駆使して情報収集と分析を行なっていますし、しかも組織的です。

これに対して研究者というのは一匹狼型で、基本的には一人または少人数で情報を扱うということが圧倒的に多い（文系研究者の話であって理系はまた別です）。当然、それぞれに得手・不得手があります。

プロ分析者は前述のように様々な情報に接することができるので、「今」起きていることを分析するのが得意です。ロシアが本当にウクライナに攻め込むのか、なんていうのはまさにそうですね。特にアメリカは世界最強のインテリジェンス能力を持っていますから、かなり早い段階からロシアの侵攻意図を摑めていたと思われます。こういう「今」の話では、研究者はプロ分析者に到底かないません。多くは機密に属する話だからです。

では研究者はプロ分析者の下位互換なのかというと、そうではありません。研究者が得意とする分野は、もっとこんがらがった話なのです。「今」起きている話の背後にはこういう歴史的経緯がある。こんな思想が存在する。社会の中にこういう空気がある。いわゆる文系の研究者が扱うのはこのような領域であり、言い換えるとすぐに役立つかどうかわからない話です。国家の情報機関で「19世紀ロシアの社会主義思想を研究したいです」と言い出したら「大学でやれ」と言われるでしょうし、大学というのはまさにそのためにあります。

そして、「今」起きていることの全体を見渡そうと思ったら、結局は両者の協力が必要です。ロシア軍の集結状況は軍事組織でないとわからない。その背後にあるプーチンの思想はロシアの政治思想研究者でないとわからない。二つが結びつくことで「この戦争とは何なのか」を把握できるのです。

ただ、両者の協力は簡単ではありません。分析者の世界は機密の壁に閉ざされており、大学の先生たちは何やらまだるっこしいことしか言わない。それぞれがそれぞれの世界を何となく敬遠して、結果的にうまく交じり合わない。本書の狙いは、この両方の視点を持ってもらうことです。私自身がそれをできているのかどうかは全く自信を持てませんが（多分できていないでしょう）、そういう存在を志す人のためのとっかかり程度にはなれればと願っています。

終章

不確実な時代の情報分析

情報分析と世界のこれから

最後に、これからの世界がどうなっていくのかということに照らしながら、情報分析の今後を展望してみたいと思います。

「はじめに」では、これまでは考えられないことが世界で起きつつあるということを述べました。ロシアがウクライナに攻め込んで巨大戦争になってしまったことを指したわけですが、これはおそらく一過性の出来事ではないのでしょう。冷戦後30年間続いたアメリカ中心の国際秩序が徐々に弱体化して、もうアメリカも世界中で戦争を抑えられなくなっているという大きな構造変化が、その背景にはあるからです。この戦争を始めるにあたってロシアが持っていた基本的な情勢認識は、アメリカが自国の行動を断固として止めようとはしないだろうというものだったと思われます。たしかにバイデン政権はロシアとの核戦争を避けるため「直接介入はしない」と早くから言っていましたし、実際そのとおりになりました。アフガニスタンからのあまりに急速な米軍撤退などを考えても、「世界の警察官」を辞めるのだというオバマ政権以来の路線はいよいよ明確化しているようです。そして近年のアメリカの国内世論が孤立主義的な傾向を強めていることに鑑みて、この路線は長期的に維持される可能性が高いと思います。

日本のようなアメリカの同盟国からすると、これは困ったことです。長年、外交・安全保障の基礎であったアメリカという要素がどんどん希薄になっていくことを意味しているからです。他方、アメリカ中心の国際秩序を苦々しく思っていた国々には、これは好機と映るでしょう。アメリカ並みの超大国を目指す中国だけではありません。ロシアなら、ユーラシア大陸内でロシアが主導的地位を得るチャンスと見るはずです。北朝鮮やイランは、自分たちの体制維持を図るために隣接地域からアメリカの影響力を排除しようとするでしょう。「イスラム国（IS）」なんかはそもそも近代世界のありよう自体が気に入らなかったわけで、局地的にイスラーム法秩序（と彼らが考える過激な体制）を出現させようとする動きがまた生まれるかもしれません。こういう潮流を、もはやアメリカは押し止《とど》めようとしていない。

ですから、われわれが知っている直近の歴史が、この先も同じように続いていくという予見はもう持てません。これから先、10年とか20年というスパンで考えた場合の不確実性はかつてなく高まっていますし、30年後とか40年後はもう目が眩《くら》むような違う世界になっているでしょう。本書の冒頭で「それはないだろう」が「ある」時代だと私が述べた背景は以上のようなものです。だからこそ、**情報分析の重要性はかつて**

なく高まっていると考えるのです。

情報自体が信用できない時代の情報分析力

ところが、これから先は、**情報自体の不確実性も増していきそうです。**情報の流通量自体が爆発的に増えていることに加え、そのチャンネルが多様化していて、しかも誰にも統制されていないからです。

半世紀くらい前に言われた「情報化時代」というのは、テレビとかラジオとか新聞とか、つまりなんらかのオーソリティーを経由した情報が社会に氾濫する現象を指していました。ところが今溢れているのは、そういったオーソリティーを経由しない情報、誰がどういう目的で発信しているのかもわからない情報です。あることに長年の経験を持っているとか、深く研究している専門家の知見と、そんなことは全然知らないインフルエンサーの「それっぽい」話が全く同列に流れてくる。しかも、SNSでバズるのは往々にして後者だったりします。事実というのは込み入ってわかりにくい割にあまり面白くないものですが、インフルエンサーの話はわかりやすくて面白いですからね。

加えて生成AIが登場してきました。もう人間でさえない何者かが、何かもっともらしい情報を生み出しては拡散するという状況です。実は最近の通信社のフラッシュニュースは、公式情報をAIがキャッチして自動で文字化したものを配信しているんですよね。このくらいは利便性が向上していいことなのですが、同じ方法で偽情報だろうが誤情報だろうが大量に生成して拡散できてしまいます。SNSで「へぇこんなことあるのか」と思って「いいね！」ボタンを押したら、全くのガセだったという経験は誰しもあるでしょう。情報にある程度の信用が置けた「情報化時代」との最大の違いはここだと思います。

また、生成AIは今や非常に自然な日本語を「話す」ようになっていますから、こちらから問いかけてもぱっと見にはわからない場合があります。私もChatGPTにいろんなことを聞いてみるんですが、質問内容によっては実にちゃんとしたことを答えるんですよね。写真も映像も作れますから、視覚的な「証拠」ももはや検証を経ないと信用できない。

でも、自分が本当によくわかっていることは別です。私の場合、ロシア軍事に関してSNSで適当な話が流れてくると「それは全然間違ってる」とか「そんな話あったっけ？」と大体気づくことができます。ＡＩもちょっと専門的な問題になると現状では全然ダメで、浅い、通り一遍の返事しか返せません（全く間違っている場合もやはりありありです）。

まぁ将来的にはＡＩが人間の専門家を超える日も来るのでしょうが、まだしばらくは人間自身が情報分析力を持たないといけないのでしょう。むしろＡＩの立派な先生になるのだ、というつもりでいたいと私は思っています。

本書では、そのためのメソッドを私なりに色々と紹介してきました。どれも極めて泥臭くて地味なものです。おさらいしておきますと、情報を定点観測して、僅かな差分や変化を見出す。あるいは専門家が書いた紙の本を地味にちまちま読んでいく。そして頭の中に相手の思考をエミュレートするような装置を作って、これをアウトプットする。我ながら全くアナログですが、ＡＩに全幅の信頼が置けるようになるまでは、こういうことを地道に繰り返すほかありますまい（なんとなく時代に取り残された気がして口調まで年寄りくさくなってきました）。

これは新しいものを拒絶するという意味ではありません。むしろ、新しいテクノロジーはどんどん使うべきです。ただ、**その新テクノロジーがどれほどのものかを見極めるには、こちらが情報分析に精通していないと振り回されてしまうだろう**というとなのです。

偏ったタンパク質製ハードウェアとしての人間

そして何より、情報分析もＡＩも人間のために存在する、という大前提は忘れるべきではありません。神様ではない私たちは偏っていますし、タンパク質でできた不自由な身体に拘束されています。しかし、とにかくこういう生き物として人間は生まれてきてしまったのであり、そういう存在としてサバイバルするための道具が情報分析やＡＩであるはずです。この点を忘れてしまうと、道具に振り回されるだけになるでしょう。

というわけで、本書を締めくくるにあたっては、**「文学を読む」**ということを提案したいと思います。

情報分析には人間についての理解がどうしても求められるわけですが、その人間が一番厄介なファクターである、ということは「可能行動」と「意図」について述べる中で指摘しました。人間の考えていることなんて大抵は曖昧模糊としており、しかも合理的ではない。人間が常に合理的に、利益の最大化だけを求めて行動するマネーマシンみたいなものだったら分析も楽でしょうが、実際はそうではないことはご承知のとおりです。例えば1人の命と1000人の命、どちらかを絶対に犠牲にせねばならないとしたら？　AIなら迷わず「1人の方」というのかもしれませんし、私も若いときならごく簡単にそう答えたのだと思います。

しかし、子供を持ってから「その1人が自分の子供であったなら」という考えが浮かぶようになりました。私が人間の死を数字で考えられなくなったのはそれからです。さらにいえば、世の中の多くの人々もそれぞれにどうしても守りたいものを持っているはずです。あるいは何か異常なこだわりとか、信念とか、恐怖とか、合理性では測れないものを抱えているのではないでしょうか。

この「合理的ではないが人間らしいと多くの人が認める行動様式」を人間性と呼ぶのだ、と考えてみましょう。優れた文学作品というのは、小説家たちがその天才によって見抜いた人間性のスケッチみたいなものだと思うのですね。だから文学を読むということは、この世界に様々な事情で存在する無数の人間性を擬似体験することだと思うのです。

私が今でも度々参照しているのが、近未来のロシアを舞台とするウラジーミル・ソローキンのSF小説『親衛隊士の日』です。残虐な暴力で人民を抑圧する独裁者の手先＝親衛隊士のかなり身勝手で支離滅裂な論理が延々と語られるのですが、それをやっている本人たちは「自分は神聖な任務に従事しているものすごく立派な選ばれた人間である」と頭から信じきっている。これだけ書くとまるで矛盾して聞こえますが、読んでいるとなんとなくその論理もわかってくるのですね。ものすごく邪悪な人間性なのだけれども、一人の人間としてそこに絡め取られていってしまう気持ちはわかる。そして、現実の権威主義国家でもこの邪悪な人間性が発露されてしまっているのだろう、ということを自分で収集した情報と組み合わせて考えていくわけです。

そして文学と人間の感情の間には、逆の回路も存在する筈です。文学は人間性を描くだけでなく、人間性そのものにも影響を与えているのではないか。例えば人生の中でまだ経験したことのない事態に遭遇したとき「そういえばあの作品の中では主人公がこんなことをしていたな」と思い出して真似する、という経験はないでしょうか。私は子供が少し大きくなってワガママを言い始めたとき、居酒屋のトイレに貼ってあった「子の言うことは八、九聞くな」という『親父の小言』を思い出し、断固「ダメだダメだ」と言っていました。何故子供の言うことを聞いてはいけないのか、私にもよくわからないのだけれど、咄嗟《とっさ》にはどうしていいのかわからないので、差し当たり居酒屋のトイレの教えを参照したわけです。

もう少し高尚な方向に軌道修正すると、ロシア人の思考様式におけるドストエフスキーの影響力というのはかなりのものがあると思います。ドストエフスキーがロシア人の思考様式を描き出し、そうして描き出された思考様式が国民文学として読み継がれる中で、また次の世代のロシア人にも影響を及ぼす。その中には、ドストエフスキーと同郷人であるプーチン大統領だって含まれているでしょう。

別に、「世界文学」である必要もありません。プーチンはソ連時代のスパイ映画『盾と剣』を見てKGBを志願したと言っていますし、現在の50代以下の世代はアニメやゲーム、漫画などのサブカルチャーに大きな影響を受けているでしょう（例えばイーロン・マスクは日本アニメ『エヴァンゲリオン』のファンとして知られていますね）。

さて、あなたの分析対象を最もよく描き、あるいはそこに影響を与えているのはどのような文学でしょうか。

こうした人間性についての洞察が、不確実な時代に情報分析を行なっていく上での基礎になるのではないでしょうか。

あとがき

本書を書きながら、なんとなく居心地の悪い思いをしていました。情報分析のやり方を読者の皆さんに知ってもらおうという本ですから、どうしても説教口調になるわけです。「べきではありません」とか「しましょう」とかですね。私が嫌いだった学校の教師になったみたいで、どうも落ち着きません（広義には今の私も学校の教師なのですが）。

もう一つの居心地の悪さは、自分で言っていることを自分自身がパーフェクトにできているわけではないからです。情報の収集をサボってしまうこともあるし、分析を誤ることもある。「人様に教えを垂れられるのか」と肩を摑んで問い詰められたら、思わず目を逸《そ》らしてしまいそうです。

ただ、とにかく書くのが大事だというのは、本書の中で幾度となく繰り返してきたことです。本書の執筆過程でも、「そういえば自分はこんなことをやっているんだな」「これはつまりこういう分析手法だったんだな」「これができていないな」と気づくことが多々ありました。文章をまとめる上では、第5章で紹介したメソッドを実際に使っています。この意味では、本書の説く情報分析手法の生徒第一号は私ということになるでしょう。

もちろん、本書で紹介した情報分析手法は、あくまでも我流です。よりカチッとした情報分析手法やインテリジェンス理論に通じるためには、参考文献欄に載せた本を参照していただきたいと思います。本書はその中でも最もお手軽な方法や考え方を知るための入り口に過ぎません。

その割には衛星画像分析なんていうマニアックなことに随分紙幅を割きました。実は私は米国マクサー社の日本における個人ユーザー第一号なのだそうです。その後、マクサー社と契約したという人を何人か知っていますが、私の知らない人も含めて、多分そんなにたくさんはいないでしょう。しかし、これは、ちょっとしたお金さえ出せば情報分析の幅が広がるということでもあります。工夫次第では情報分析の可能性は非常に広い、ということを知っておいていただきたかったのです。

本書を読み終わったあなたも是非、自分なりの情報分析に踏み出してみてください。本書がその援《たす》けになるなら、本当に嬉しいことだと思います。

本書の生まれるきっかけは、音声メディアVOOXの企画でした。ビジネスパーソン向けに情報分析についての考え方を話してほしい、と言われ、10分ずつの短いレクチャーを何本か収録しました。これをベースに書籍化しましょう、と祥伝社の編集者である栗原和子さんにお誘いいただいて出来上がったのが『情報分析力』です。

しかし、話したことを文字に起こしてみると毎度痛感するのですが、やはり書き言葉と話し言葉というのは全く別のメディアなのですね。話し言葉はしょっちゅう話題が飛ぶし、具体的なデータが不足していたり、時々文法もちょっと変だったりします。結局、ほとんど書き下ろしと変わらないくらい加筆・修正を施すことになりました。

自分の思考を検証するためには絶対に文章にしましょう！と本書の中で書きましたが、自分自身の文章でその必要性を再確認した次第です。

2024年9月

■参考文献

伊丹敬之『創造的論文の書き方』有斐閣、2001年
上田篤盛『戦略的インテリジェンス入門　分析手法の手引き』並木書房、2016年
小林良樹『インテリジェンスの基礎理論』立花書房、2011年
エリオット・ヒギンズ『ベリングキャット　デジタルハンター、国家の嘘を暴く』筑摩書房、2022年
平松茂雄『実践・私の中国分析　「毛沢東」と「核」で読み解く国家戦略』幸福の科学出版、2012年
松本修『あるスパイの告白　情報戦士かく戦えり』東洋出版、2024年
マーク・M・ローエンタール『インテリジェンス　機密から政策へ』慶應義塾大学出版会、2011年

■写真

アフロ　図2、図9、図10
著者提供　図5、図15、図19

小泉 悠（こいずみ・ゆう）

1982年千葉県生まれ。早稲田大学社会科学部、同大学院政治学研究科修了。政治学修士。民間企業勤務、外務省専門分析員、ロシア科学アカデミー世界経済国際関係研究所（IMEMO RAN）客員研究員、公益財団法人未来工学研究所特別研究員を経て、東京大学先端科学技術研究センター（国際安全保障構想分野）准教授。専門はロシアの軍事・安全保障。新領域セキュリティの諸課題に関する研究。著書に『「帝国」ロシアの地政学』（東京堂出版、サントリー学芸賞受賞）、『現代ロシアの軍事戦略』『ウクライナ戦争』（ともにちくま新書）、『ロシア点描』（PHP研究所）、『ウクライナ戦争の200日』『終わらない戦争』（ともに文春新書）、『オホーツク核要塞』（朝日新書）などがある。

情報《じょうほう》分《ぶん》析力《せきりょく》

令和６年11月10日　初版第１刷発行
令和７年７月20日　　　　第５刷発行

著　者　小《こ》泉《いずみ》　悠《ゆう》
発行者　辻　浩明
発行所　祥《しょう》伝《でん》社《しゃ》
〒101-8701
東京都千代田区神田神保町3-3
☎03(3265)2081(販売)
☎03(3265)1084(編集)
☎03(3265)3622(製作)
印　刷　堀内印刷
製　本　積信堂

ISBN978-4-396-61826-1 C0030
祥伝社のホームページ・www.shodensha.co.jp